dtv

Reihe Hanser

Warum ist der Nachthimmel schwarz? Warum zeigt der Mond uns immer die gleiche Seite? Und warum frieren Seen nie vom Grund her zu? Das wüsste man gern. Dabei sind das noch vergleichsweise einfache Fragen. Viel schwieriger wird es, wenn nicht gleich ein naturwissenschaftliches Gesetz zur Hand ist, von dem sich die Antwort herleiten lässt. Warum sind Jugendliche oft so flegelhaft?, wäre so eine Frage. Und warum tratschen die Menschen? Auch hier, bei den wahrhaft großen Rätseln des Menschseins, bleibt Gerhard Staguhn keine Antwort schuldig.

Gerhard Staguhn, geboren 1952, lebt als freier Autor und Wissenschaftsjournalist in Berlin. Mit seinen Büchern hat er sich bei Jugendlichen und Erwachsenen einen Namen als fesselnd erzählender, leicht verständlich schreibender Sachbuchautor gemacht. In der *Reihe Hanser* erschien bereits »Warum fallen Katzen immer auf die Füße?« (dtv 62190) und weitere Sachbücher des Autors.

Joachim Widmann ist freier Illustrator und illustrierte für die *Reihe Hanser* schon den ersten Band »Warum fallen Katzen immer auf die Füße?« (dtv 62190).

Gerhard Staguhn

Warum

zerplatzen Seifenblasen?

Neue Rätsel des Alltags

Illustrationen von Joachim Widmann

Deutscher Taschenbuch Verlag

Das gesamte lieferbare Programm der *Reihe Hanser*
und viele andere Informationen finden Sie unter
www.reihehanser.de

In neuer Rechtschreibung
Dezember 2006
Deutscher Taschenbuch Verlag GmbH & Co. KG,
München

Umschlagbild: Joachim Widmann
Satz: Fotosatz Amann, Aichstetten
Druck und Bindung: Druckerei C. H. Beck, Nördlingen
Gedruckt auf säurefreiem, chlorfrei gebleichtem Papier
Printed in Germany
ISBN-13: 978-3-423-62291-2
ISBN-10: 3-423-62291-1

Inhalt

Von Licht und Dunkel – und anderen Spiegelungen

Von Seifenblasen und Schäfchenwolken – und anderen Luftgebilden

Von Spinnen und Fischen – und anderen Flugobjekten

Von Eis und Schnee – und andere Wässrigkeiten

Von Bäumen und Menschen – und anderen Lebewesen

Von Gedanken und Gefühlen – und anderen Hirngespinsten

Vom Tratschen und Streiten – und anderen Geselligkeiten

Von Haarausfall und Mundgeruch – und anderen Gebrechen

Von Müsli und Zitronensaft – und anderen Bagatellen

Von Licht und Dunkel – und anderen Spiegelungen

Warum ist der Nachthimmel schwarz?

Diese Frage mag unsinnig erscheinen, aber sie ist durchaus berechtigt. Das sieht man schon daran, dass sich die klugen Astronomen des 18. und 19. Jahrhunderts darüber heftig die Köpfe zerbrochen haben. Dennoch wollen wir diese Frage nicht so recht ernst nehmen. Der gesunde Menschenverstand sagt uns nämlich, dass zwangsläufig überall dort Dunkelheit herrscht, wo kein Licht ist. Das völlige Fehlen von Licht nehmen wir als schwarze Farbe wahr.

Aber wieso hatten die Astronomen früherer Zeiten ein Problem mit dem schwarzen Nachthimmel? Wieso erschien ihnen seine Schwärze rätselhaft? Nun, weil sie von drei falschen Voraussetzungen ausgegangen sind: Erstens glaubten sie, dass das Universum schon seit Ewigkeit existiere. Zweitens, dass es unendlich groß sei. Drittens, dass es unendlich viele, gleichmäßig im Raum verteilte Sterne enthalte. Die Vorstellungen von Ewigkeit und Unendlichkeit ließen keinen schwarzen Nachthimmel zu. Denn in einem ewigen und unendlichen Universum mit unendlich vielen Sternen sollte der Beobachter immer einen Stern wahrnehmen können, egal, in welche Richtung er schaut. Zwar nimmt die Helligkeit der Sterne mit der Entfernung vom Beobachter ab, aber dafür nimmt ihre Anzahl entsprechend zu, sodass der Nachthimmel eigentlich überall strahlend hell sein sollte.

Heute wissen wir, dass das Universum nicht schon immer existiert, sondern »erst« seit 13,7 Milliarden Jahren. Zudem wissen wir, dass der Kosmos nicht unendlich, sondern endlich ist, freilich unvorstellbar groß in seiner Endlichkeit. Ebenso endlich ist die Zahl der Sterne im Universum: 70 Trilliarden (eine 7 mit 22 Nullen). Das sind unvorstellbar viele, aber nicht unendlich viele. Hinzu kommt, dass sich dieses unvorstellbar große, aber endliche Universum auch noch in rasendem Tempo ausdehnt. Die am weitesten entfernten

Galaxien fliehen fast mit Lichtgeschwindigkeit von uns fort. Daraus folgt: Die Sterndichte nimmt beständig ab. Zu bedenken ist auch, dass sehr weit entfernte Sterne noch gar nicht die Zeit hatten, ihr Licht bis zu uns zu schicken. Wenn ein Stern zum Beispiel eine Milliarde Jahre alt, aber zwei Milliarden Lichtjahre von uns entfernt ist, dann hat das Licht, das er bei seiner Entstehung ausgesandt hat, erst den halben Weg bis zu uns zurückgelegt.

Dass der Nachthimmel schwarz ist, hat damit zu tun, dass das Universum einen Anfang hatte, also nicht schon immer da war. Es ist räumlich und zeitlich begrenzt; ebenso begrenzt ist die Zahl der in ihm enthaltenen Sterne, mag diese auch noch so groß sein. Unlängst haben Astronomen sogar festgestellt, dass im Universum die älteren und schwach leuchtenden Sterne ohnehin überhand nehmen; immer weniger Sterne werden geboren. Es wird immer dunkler im All. Vor sechs Milliarden Jahren wurden 30-mal mehr Sterne geboren als heutzutage. Dass es im Universum immer dunkler wird, kommt für die Astrophysiker nicht einmal überraschend: Man weiß, dass es in den Galaxien fast keinen Rohstoff mehr gibt für neue Sterne. In spätestens zehn Milliarden Jahren wird es richtig duster werden im All – was uns ziemlich egal sein kann.

Um auf die Schwärze zwischen den Sternen zurückzukommen: Sie ist nur eine für unsere Augen. Empfindlichere Augen, etwa die einer Eule, sehen wesentlich mehr Sterne am Himmel, zwischen denen freilich auch wieder Schwärze erscheint. Schon mit einem einfachen Fernglas können wir viele dieser Sterne sichtbar machen. Doch auch der Himmelsausschnitt im Fernglas weist wieder schwarze Lücken zwischen den Sternen auf. Würden wir ein noch stärkeres Fernglas verwenden oder gar ein Teleskop, so könnten wir auch in diesen dunklen Zwischenräumen weitere Sterne entdecken. Und immer so fort.

Die Astronomen des 18. und 19. Jahrhunderts hatten also gar nicht so Unrecht, wenn sie meinten, dass es die Schwärze des Nachthimmels nicht geben dürfe. Es ist in der Tat keine absolute Schwärze, sondern sie erscheint nur unserem Auge so. Im Grunde gibt es keinen noch so winzigen Fleck am Himmel, von dem kein Licht zu uns gelangt. So richtig pechschwarz wird das All in etwa 10 Billionen Jahren sein; dann macht der letzte Stern das Licht aus.

Warum sind die Planeten kugelrund?

Von allen denkbaren Körpern hat die Kugel die idealste Form. Sie ist die ursprünglichste aller Formen. So stellte sich der griechische Philosoph Demokrit (ca. 460 – ca. 380 v. Chr.) die kleinste Einheit der Materie als außerordentlich winziges, glattes, glänzendes Kügelchen vor, das unsichtbar, undurchdringlich und unveränderlich, vor allem nicht teilbar sei. Er nannte es Atom (von griechisch átomos = unteilbar). Aus solch atomaren Kügelchen, meinte er, setze sich alle Materie der Welt zusammen – die Kugel als elementarer Baustein der Welt.

Der Schöpfer der Welt scheint eine besondere Vorliebe für Kugeln zu haben. Die Milliarden von Sonnen-, Planeten- und Mondkugeln, die sich zumeist auf geordneten Bahnen durch die Galaxien bewegen, stellen eine Art von göttlichem Billardspiel dar. Freilich greift der Schöpfer in dieses kosmische Kugelspiel nicht mehr ein. Es ist sogar fraglich, ob Gott an unserem Universum überhaupt noch interessiert ist; eine Theorie besagt, dass es unendlich viele Universen, also Multiversen, gibt – und in einigen von ihnen soll exakt das Gleiche passieren wie in unserem.

Nun wissen wir alle, dass nicht Gott es war, der die kosmischen Kugeln aus Gas oder Gestein geformt hat. Vielmehr sind sie von der Schwerkraft aus der Urmaterie gebildet worden. Die Schwerkraft (Gravitation) aber könnte man durchaus wieder als eine göttliche Kraft bezeichnen – die schwächste und dabei rätselhafteste unter den Elementarkräften der Natur. Materie zieht sich gegenseitig an; sie hat das Bestreben, immer größere Einheiten zu bilden. Wie sie das macht, wissen wir nicht.

Auffallend ist, dass die Himmelskörper erst ab einer bestimmten Größe das Ideal der Kugelform aufweisen. Kleinere Objekte, etwa die beiden Marsmonde Phobos und Deimos, oder die zahlreichen Asteroiden, die sich zwischen Mars und Jupiter um die Sonne bewegen, sind unregelmäßig geformt. Sie zeigen zwar auch rundliche Formen, jedoch keine Kugelform; sie gleichen eher Bohnen, Erdnüssen oder Kartoffeln.

Im Grunde versucht die Schwerkraft, jeder im Kosmos sich bildenden Materieansammlung eine kugelige Form zu geben. Doch bei Körperdurchmessern unterhalb einiger Dutzend Kilometer ist die Gravitation noch zu schwach, um die sich sammelnden Materiebrocken auf einen einzigen Gravitations-Mittelpunkt hin auszurichten. Bei den Kleinplaneten ist sie gerade mal in der Lage, die Materie in eine annähernd runde Form zu bringen. Jedes Materieteilchen wird von der Schwerkraft möglichst nahe zum Gravitationszentrum gezogen. Erst bei der Kugelform ist jeder Punkt der Oberfläche so nahe wie möglich am Gravitationszentrum, von dem die Anziehungskraft ausgeht. Jeder Punkt strebt eigentlich zu diesem Mittelpunkt hin.

Bei kleineren, unregelmäßig geformten Himmelskörpern sind die inneren Kräfte des Gesteins, also die chemischen Bindungskräfte, stärker als die Schwerkraft, die auf die Oberfläche wirkt. Erst ab einer bestimmten Größe setzt sich die Schwerkraft gegenüber der Chemie durch und formt den unregelmäßigen Brocken nach und nach durch die hinzukommende Materie zur Kugel. Asteroiden, die man auch Planetoiden nennt, sind gewissermaßen halb fertige Planeten – man könnte auch sagen: Möchtegern-Planeten. Sie sind auf ihrem Weg zur Kugelform stecken geblieben, weil weiteres Material ausgeblieben ist.

Bei den großen planetarischen Objekten kommt hinzu, dass sie bei ihrer Entstehung glühend heiß und zähflüssig waren, was es der Schwerkraft erleichtert hat, Kugeln zu formen. Denn bei hohen Temperaturen büßen die chemischen Bindungskräfte ihren Einfluss ein. Am leichtesten fällt der Schwerkraft die Bildung von Kugeln aus Gas – also Sterne und große Gasplaneten.

Warum sind manche Sterne farbig?

Ein sternenklarer Nachthimmel, weit weg von jeder künstlichen Beleuchtung – der Eindruck erhabener, majestätischer Größe und unveränderlicher Dauer. Er lässt einen die Winzigkeit und Flüchtigkeit des eigenen Daseins spüren. Und dennoch fühlt man sich unter dieser funkelnden Pracht des Sternenhimmels irgendwie geborgen – vorausgesetzt, man ist mit sich und der Welt zufrieden. Aber wer ist das schon?

Ist der Mensch mit sich im Reinen oder vielleicht sogar glücklich, dann bekümmern ihn seine Winzigkeit und Vergänglichkeit nicht. Sein Glück, wenn es ein echtes Glück ist, erscheint grenzenlos wie der Kosmos selbst. Für den Glücklichen sind die Sterne nichts weiter als Sterne, funkelnde Lichter, eigens angesteckt für ihn und sein Glück.

Doch wie der Sternenhimmel dem Glücklichen sein Glück als warmes Funkeln zurückstrahlt, so dem Unglücklichen und Verzweifelten das ganze Dilemma seines Daseins. Ihm, der sich so allein und verloren fühlt, schaudert vor den unendlichen Räumen dort oben. Wie sinnlos kommt es ihm vor, sich und seine winzige Lebensfrist in irgendeine Beziehung zu dieser Unendlichkeit zu setzen. Aber nicht nur sein eigenes Leben, sondern die ganze Menschheitsgeschichte sieht er aufgezehrt von den unbegreiflichen Dimensionen der Zeit und des Raums. Wozu das ganze Gewusel auf diesem blauen Kügelchen, das sich Erde nennt? Den Kosmos interessiert das nicht. Ob es uns gibt oder nicht, ist den Sternen egal.

Wer sich solchen Gedanken hingibt, der findet an den Sternen nichts Warmes und Tröstliches. Er sieht weniger die funkelnden Lichter als vielmehr das Nichts, vor dem sie erstrahlen. Es ist kein Trost zu wissen, dass auch die Sterne sterben müssen – und dass viele, deren Licht noch zu uns kommt, längst gestorben sind.

Die Sterne verleiten zum Philosophieren, aber das wollen wir hier nicht weiter vertiefen. Der Sternenhimmel ist nicht nur ein magischer Spiegel, der einem den eigenen Seelenzustand zurück- und Sinnfragen aufwirft. Die Sterne erzählen auch von sich selbst. Auf den ersten flüchtigen Blick erzählen sie alle das Gleiche: Ich bin ein Lichtpunkt, ein klitzekleiner Energiestrom, der von einem Stern, ähnlich eurer Sonne, zu euch kommt von sehr weit her. Wie weit, das sagen die Sterne nicht. Doch die Astronomen können die Entfernung von Himmelsobjekten mithilfe komplizierter Messungen und Berechnungen grob bestimmen. Allein vom Augenschein lässt sich über die Entfernung der Sterne nichts sagen. Was wir am nächtlichen Himmel sehen, hat keine räumliche Tiefe; der Sternenhimmel ist flächig. Als hätte jemand Lichtpunkte auf ein schwarzes Tuch gemalt und es wie ein Zelt über uns aufgespannt.

Die Sterne unterscheiden sich zwar in ihrer Helligkeit, aber dabei ist es keineswegs so, dass die helleren uns am nächsten und die schwach leuchtenden am weitesten entfernt sind. Ein kleiner, relativ naher Stern kann wesentlich heller strahlen als ein Riesenstern, der sehr weit entfernt ist. Die groß erscheinenden Sterne müssen also nicht auch in Wirklichkeit zu den großen Sternen zählen. Unsere Sonne zum Beispiel ist ein Stern von mittlerer Größe; es gibt Sterne, die hundert- oder tausendmal größer sind als sie und millionenfach heller leuchten. Der größte bisher bekannte Stern ist VV Cephei mit 2400 Sonnendurchmessern.

Bei genauerem Hinsehen fällt auf, dass die Sterne, entsprechend ihrer Leuchtkraft, nicht nur unterschiedlich groß erscheinen. Manche von ihnen funkeln in farbigem Licht, während die überwiegende Zahl weißes Licht zu uns schickt. Ein auffällig roter Stern, der sich bei längerer Beobachtung als wandernder Stern erweist, ist in Wirklichkeit gar kein Stern, sondern ein Planet: Mars. Die Rotfärbung rührt von seiner rostigen Oberfläche. Das Rote im Marsgestein ist Eisenoxid, also nichts anderes als Rost. Daraus kann man schließen, dass es in der Frühzeit dieses Planeten auf ihm reichlich Wasser gegeben haben muss.

Aber auch unter den echten Sternen, den Fixsternen, gibt es einige, die durch ihre Farbigkeit auffallen. Woher rührt die, wenn doch alle Sterne nach dem gleichen physikalischen Prinzip funktionieren? Im Innern eines jeden Sterns, egal, wie groß er ist, werden Atomkerne von Wasserstoff zu Heliumkernen verschmolzen, wobei Energie in Form von Wärmestrahlung und Licht freigesetzt wird. Diese Strahlung geht hauptsächlich von der Oberflächenschicht des Sterns aus; man nennt sie Photosphäre (von griechisch phós = Licht und sphaira = Kugelhülle). Wie jeder glühende Körper, so sendet auch die Photosphäre eines Sterns Licht mit unterschiedlichen Farbanteilen aus. Denn grundsätzlich ist Licht ein chaotisches Durcheinander von elektromagnetischen Wellen verschiedenster Längen. Kurze, besonders energiereiche Wellen ergeben Violett und Blau, lange, weniger energiereiche Wellen ergeben Rot. Die anderen Farben liegen dazwischen. Alle zusammen in ihrem Durcheinander erzeugen weißes Licht; es ist die Mischung aller Farben. Vereinfachend kann man sagen, dass die »kühleren« Sterne (ca. 3000 Grad Kelvin) rot erscheinen. (In den Naturwissenschaften misst man Temperaturen nicht in Celsius, sondern in Kelvin. 0 Kelvin entsprechen dem absoluten Temperatur-Nullpunkt. Kälter als 0 Kelvin geht es nicht. Diese Temperatur entspricht -273,15 Grad Celsius. Bei den hohen Sterntemperaturen ist der Unterschied zwischen den beiden Temperaturskalen nicht so bedeutend.) Sterne von der Art unserer »mittelheißen« Sonne (ca. 5800 Kelvin oder 5527 Grad Celsius) strahlen in gelblich weißem Licht. Sehr heiße Sterne mit Oberflächentemperaturen von ca. 10 000 Grad Kelvin leuchten bläulichweiß.

Es gibt aber noch wesentlich heißere Sterne (30 000 Grad Kelvin und mehr), etwa die drei »Gürtelsterne« des Orion – unser beherrschendes Wintersternbild am südlichen Nachthimmel. Die drei auf einer Linie liegenden Sterne strahlen im violett-bläulichen Licht, wobei sie aber einen beträchtlichen Teil ihrer Energie in ultravioletten Strahlen abgeben, die für unsere Augen nicht wahrnehmbar sind. Da die »Gürtelsterne« recht klein erscheinen, kann man ihre Blaufärbung allerdings nur mit dem Fernglas deutlich erkennen.

Der linke Schulterstern des Orion mit dem schönen arabischen Namen Beteigeuze (= Schulter) leuchtet rot (Oberflächentemperatur nur 3280 Kelvin), während sein rechter Fußstern mit Namen Rigel (= Fuß) eine bläuliche Färbung zeigt (12400 Kelvin). Beteigeuze gehört zur Sternklasse der »Roten Riesen«. Das sind Sterne, die sich in ihrer letzten Lebensphase befinden und dabei mächtig aufblähen. Dabei nimmt ihre Oberflächentemperatur zwar ab (deshalb die rote Farbe!), aber ihre gesamte Leuchtkraft steigt enorm an. Sie ist etwa 10000-mal größer als die der Sonne bei einem 400-fachen Sonnendurchmesser. Beteigeuze ist damit ein Kandidat für eine gewaltige Sternexplosion (Supernova), in der alle »Roten Riesen« ihr Ende finden. Wenn ein Stern also rot leuchtet, kann man davon ausgehen, dass sein Ende nahe ist. Mit »nahe« sind freilich immer noch Millionen von Jahren gemeint. Junge, heiße Sterne strahlen in blauem Licht.

Links von Orion, zum Horizont hin leuchtet der hellste Stern unseres winterlichen Nachthimmels, Sirius, im gleißenden bläulich weißen Licht (10380 Kelvin). Verlängert man die Gürtelsterne des Orion nach rechts oben, so stößt man auf einen auffällig orangefarbenen Stern: Aldebaran, der Hauptstern im Sternbild des Stiers (4200 Kelvin). Fast genau im Zenit des Winterhimmels steht Capella im Sternbild des Fuhrmanns. Capella (5600 Kelvin) strahlt in gelbem Licht, ähnlich wie unsere Sonne. In Wirklichkeit ist dieser 42 Lichtjahre entfernte Stern 150-mal heller als die Sonne und hat den 16-fachen Sonnendurchmesser.

Wenn wir weiter oben von der Farbigkeit der Sterne sprachen, so muss man freilich hinzufügen, dass unser Auge viel zu schwach ist, um die meist sehr feinen Farbunterschiede zwischen den Sternen wahrzunehmen. Das gelingt nur bei wenigen, sehr stark leuchtenden Sternen wie den soeben genannten. Ansonsten sehen wir die Mehrzahl der Sterne als weiße funkelnde Lichtpunkte. Für die Astronomen mit ihren hochsensiblen Messgeräten hat im Grunde jeder Stern seine für ihn typische Färbung – eine Art optischer Fingerabdruck, aus dem sich viele wichtige Informationen gewinnen lassen.

Wir haben gesehen, dass die meisten Sterne zwar im weißen Licht funkeln (der Mischung aus allen Farben), es aber dennoch auch farbige Sterne gibt von violett und blau (»heiße« Sterne) zu gelb, orange und rot (»kalte« Sterne). Aber was ist mit grünen Sternen? Nun, die sind im Prinzip auch möglich, aber tatsächlich werden wir keinen am Nachthimmel finden. Es gibt zwar sehr wohl Sterne, die im grünen Bereich ihr Strahlungsmaximum zeigen, doch diese Sterne haben die Eigenart, auch in den benachbarten Farben Rot und Blau fast ebenso intensiv zu strahlen. Das führt dazu, dass sich alle drei Farben zu Weiß addieren. Ein grüner Stern am Nachthimmel wäre natürlich ein schöner Anblick. Wir würden ihn glatt zu unserem Lieblingsstern erklären, denn schließlich ist Grün die Farbe der Hoffnung, der Lebendigkeit und der Jugend.

Warum zeigt uns der Mond stets die gleiche Seite?

Ich muss gestehen, dass ich bis vor einigen Jahren – und damit als alter Mann von 50 Jahren – noch der Meinung war, dass unser Mond sich nicht um sich selber dreht. Schließlich kehrt er der Erde ja stets das gleiche Mondgesicht zu. Tatsächlich ist aber gerade das der Beweis, dass er eine Eigendrehung besitzt. Würde er sich nämlich nicht um sich selber drehen, dann zeigte er sich während einer Erdumdrehung von allen Seiten. Man kann das im Modellversuch sehr leicht nachprüfen: einfach einen Apfel um einen anderen kreisen lassen. Es geht auch mit Orangen, Melonen, Pfirsichen etc. Erst wenn der umlaufende Apfel sich während einer Umrundung exakt einmal um sich selber dreht, kehrt er dem umrundeten Apfel stets die gleiche Seite zu. Diese Art von Mondumlauf bezeichnen die Astronomen als gebundene oder synchronisierte (zeitlich übereinstimmende) Rotation. In 27 Tagen, 7 Stunden und 43 Minuten bewegt sich der Mond einmal um die Erde – und in genau dieser Zeit rotiert er auch um sich selber. Von der Erde aus scheint er in sich zu ruhen.

Eine zeitliche Kopplung von Eigendrehung und Umlauf ist bei allen Monden unseres Sonnensystems zu beobachten – mit einer Ausnahme: der Saturnmond Hyperion. Er bewegt sich in einer Taumelbewegung um das Zentralgestirn. Es könnte sein, dass Hyperion vor nicht allzu langer Zeit – damit sind bei den Astronomen einige Millionen Jahre gemeint – mit einem anderen Himmelskörper zusammengestoßen ist, was zur Störung seiner gebundenen Rotation geführt hat.

Die gebundene Rotation bei den Monden ist von den Astronomen noch immer nicht völlig verstanden. Sicher ist, dass sie von der Schwerkraft, also den Gezeitenkräften zwischen den Himmelskörpern, verursacht wird. Diese Kräfte bremsen die Umdrehung des

Mondes ab, indem sie eine Zugkraft auf seine Eigenumdrehung ausüben. Irgendwann war seine ursprüngliche Eigendrehung so weit abgebremst, dass sie mit der Umlaufperiode zeitlich übereinstimmte. Daran wird sich bis in die fernste Zukunft auch nichts mehr ändern, es sei denn, der Mond wird von einem andern großen Himmelskörper getroffen. Aus einer solchen kosmischen Katastrophe ist er höchstwahrscheinlich vor rund 4,4 Milliarden Jahren hervorgegangen, als die junge, noch glutflüssige Erde mit einem anderen, mehr als marsgroßen Planeten zusammenstieß, ohne von diesem voll getroffen zu werden. Aus Trümmern des Irrläufers und solchen, die aus der Erdoberfläche gerissen wurden, formte sich durch Schwerkraftwirkung der Mond. Seine gewaltsame Geburt sieht man ihm heute nicht mehr an. Gelassen betrachtet sein Mondgesicht seit Milliarden Jahren die Entwicklung auf der Erde. Dabei entfernt er sich von seinem Muttergestirn Erde um vier Zentimeter pro Jahr. Vielleicht verlangt es ihn gerade wegen seiner gebundenen Rotation nach Ungebundenheit.

Warum brennt eine Kerze?

Viele Alltagsrätsel zeichnen sich dadurch aus, dass wir sie gar nicht als solche erkennen. Vielleicht sind wir von nichts anderem als Rätseln umgeben und wissen nur nichts davon. Wenn wir zum Beispiel eine Kerze anzünden, wundern wir uns nicht, dass sie brennt. Sie brennt halt. Auch die erfreuliche Tatsache, dass die Sonne scheint, kommt uns nicht rätselhaft vor. Sie scheint halt. Wir halten beide Arten der Licht- und Wärmeerzeugung für das Gewöhnlichste von der Welt. In diesen und ähnlichen Fällen verbirgt sich das Rätsel gleichsam hinter der gewohnten Alltäglichkeit.

Nicht selten sind es kleine Kinder, die uns auf das Rätselhafte hinter den gewohnten Dingen stoßen – durch die einfache, mit heller Unschuldsstimme vorgetragene Frage nach dem Warum: Warum brennt eine Kerze? Warum scheint die Sonne? Brennt die Sonne wie eine große Kerze? Wer hat sie angezündet? Wird auch die Sonne irgendwann abgebrannt sein? Und schon guckt man als Befragter dumm aus der Wäsche und setzt stockend zur Antwort an, wo es besser wäre zuzugeben, dass man die Antwort nicht weiß. »Nun ja«, sagt man. Längere Pause. »Es ist halt so, dass (Hüsteln) ... also dass halt bei einer Kerze das Wachs verbrennt und bei der Sonne das ... äh ...«

Spätestens beim dritten »Äh« gebietet der Respekt vor dem kleinen Fragesteller – und vor einem selbst –, dass man zugibt, über die Chemie einer brennenden Kerze und erst recht über die Physik einer strahlenden Sonne nicht oder nur ungenau Bescheid zu wissen. Man kann sich freilich damit trösten, dass selbst die Wissenschaftler bis heute nicht vollständig verstanden haben, welche Prozesse in einer Kerzenflamme ablaufen. Und erst recht sind die Vorgänge im Innern der Sonne noch längst nicht alle verstanden.

Doch wir wollen hier nicht kneifen. Also, wie ist das nun mit der brennenden Kerze? Im Grunde ganz einfach. (Im Einzelnen recht kompliziert). Verbrannt wird das Wachs. Und Wachs brennt, weil es ein Brennstoff ist. Als Verbrennung bezeichnet man jenen chemischen Vorgang, bei dem sich unter Freisetzung von Licht und Wärme ein bestimmter Stoff mit Sauerstoff verbindet. Diese Erscheinung nennen wir Feuer. Allerdings kennt man auch Feuererscheinungen, die keine Verbrennungen sind. Um eine Verbrennung in Gang zu setzen, bedarf es einer Entzündung. Eine Kerze wird also niemals von selber zu brennen anfangen, sondern man muss sie anzünden. Die Zündenergie, die je nach Brennstoff unterschiedlich hoch ist, reicht aus, um eine Kerze fortan selbstständig weiterbrennen zu lassen. Mit der Entzündung kommt eine so genannte Kettenreaktion in Gang. Das heißt: Die Brennstoff-Atome, die sich beim Entzünden mit Sauerstoff-Atomen verbunden haben, setzen bei diesem Sichverbinden so viel Energie frei, dass weitere, in der Nähe befindliche Brennstoff-Atome sich mit Sauerstoff-Atomen verbinden können. Träger der Verbrennung, wie jeder chemischen Reaktion, sind also stets einzelne Atome, wobei in jedem Fall mindestens ein Sauerstoff-Atom beteiligt ist.

Von den 92 Elementen, aus denen sich alle Materie in der Natur zusammensetzt, sind allerdings nur ganz wenige als Brennstoffe geeignet. Es sind vor allem Kohlenstoff (chemisches Zeichen: C für Carboneum) und Wasserstoff (chemisches Zeichen H für Hydrogenium). Verbindungen aus beiden Atomen werden Kohlenwasserstoffe genannt. Aus solchen setzt sich alles Organische auf der Erde zusammen, auch der Mensch. Wir sind eine auf Kohlenwasserstoff basierende Lebensform. Unsere Brennstoffe sind allesamt aus Organismen, also Pflanzen oder Tieren, hervorgegangen. Brennholz und Kohle waren mal Bäume – wobei Kohle nichts anderes als versteinertes Holz ist –; Erdöl und Erdgas entstanden aus kleinen abgestorbenen Meerestieren, die wegen Sauerstoffmangels nicht verwest sind, sondern Faulschlamm gebildet haben. Dieser wurde durch Bakterien in Erdöl und Erdgas umgewandelt. Tatsächlich besteht Erdöl aus 85 Prozent Kohlenstoff und etwa 15 Prozent Wasserstoff.

Auch Kerzen, egal ob aus dem Wachs der Bienen oder aus Paraffin, das aus Erdöl gewonnen wird, bestehen aus Kohlenwasserstoff-Verbindungen. Beim Anzünden der Kerze werden die in Flammennähe befindlichen Moleküle in ihre Einzelatome zerlegt, also in Kohlenstoff- und Wasserstoff-Atome. Diese durch die Hitzezufuhr angeregten Atome sind ganz begierig, sich mit dem Sauerstoff in der Luft zu verbinden, wobei reichlich Licht- und Wärmestrahlung abgegeben wird. Ein einzelnes Kohlenstoff-Atom verbindet sich mit zwei Sauerstoff-Atomen und bildet Kohlendioxid (CO_2). Beim Wasserstoff-Atom ist es umgekehrt: Ein einzelnes Sauerstoff-Atom reißt gleich zwei Wasserstoff-Atome an sich und bildet Wasser (H_2O). Wasser, so könnte man sagen, geht aus Feuer hervor. Wasser ist verbrannter Wasserstoff.

Wenn man sich eine Kerzenflamme genauer anschaut, wird man feststellen, dass sie aus mehreren Leuchtzonen besteht. In der Mitte gibt es eine Dunkelzone mit Temperaturen zwischen 600 und 1000 Grad Celsius. Dort herrscht ein Überschuss an Brennstoff bei gleichzeitigem Mangel an Sauerstoff. Aus diesem Grund entsteht dort aus den Kohlenwasserstoffen des im Docht hochsteigenden Kerzenwachses Ruß. Ruß ist nichts anderes als elementarer Kohlenstoff. Unter der Dunkelzone erkennt man eine blaue Zone; das ist der heißeste Bereich der Kerzenflamme. An ihrer Basis wird Luft angesaugt, da die heißen Flammengase nach oben steigen. An dieser blauen, heißen Zone ist also am meisten Sauerstoff. Oberhalb der Dunkelzone erstreckt sich die Glühzone. Dort beginnt der unten entstandene Ruß bei ungefähr 1200 Grad Celsius gelb zu glühen, bevor er bei rund 1400 Grad Celsius zu Kohlendioxid verbrennt. Den gleichen Weg nimmt der Wasserstoff, der freilich eine andere Verbrennungstemperatur hat als der Kohlenstoff.

Bei der Sonne verhält es sich ganz anders, auch wenn bei ihr letztlich auch nichts anderes als Licht und Wärme erzeugt wird. Doch das geschieht nicht auf dem Weg einer chemischen Reaktion, bei der sich Atome von Kohlenstoff und Wasserstoff mit Sauerstoff verbinden, sondern die Sonne »verbrennt« Atomkerne – und zwar die von Wasserstoff. Nicht die Chemie ist hier am Werk, sondern die Kernphysik. Unter der extremen Hitze im Innern der Sonne (bis zu 15,5 Millionen Grad) stoßen die Atomkerne so heftig aufeinander, dass sie miteinander verschmelzen – und zwar wird aus 4 Wasserstoff-Kernen (= Protonen) ein Helium-Kern. Dabei wird extrem hohe Strahlungsenergie freigesetzt. Das Helium in der Sonne ist gewissermaßen die »Asche«, die bei der Verschmelzung von Wasserstoff-Kernen entsteht.

Wie jede Kerze irgendwann niedergebrannt ist und erlischt, so erwartet auch die Sonne das Schicksal des Verlöschens. Doch bis dahin werden noch 6 Milliarden Jahre vergehen.

Der englische Physiker und Chemiker Michael Faraday (1791–1867) soll von der Kerzenflamme so fasziniert gewesen sein, dass er im Jahre 1860 gleich eine ganze Vorlesungsreihe über die Kerze gehalten hat. »Alle im Weltall wirkenden Gesetze«, so meinte er, »treten in der chemischen Geschichte einer Kerze zutage – oder kommen dabei wenigstens in Betracht.« Das heißt gewiss nicht, dass Faraday die Sterne als große kosmische Kerzen betrachtet hat. Doch er wusste bereits, dass überall dort, wo in der Natur Licht und Wärme erzeugt werden, die Atome die Verursacher sind. So war die Kerzenflamme für ihn ein bequemes »Tor zum Eingang in das Studium der Natur«.

Von Seifenblasen und Schäfchenwolken – und anderen Luftgebilden

Waum ist bei hohem Luftdruck das Wetter schön?

Das Wetter ist wie das Leben: ein fortwährender Wechsel von Hochs und Tiefs. Je krasser die Unterschiede, desto stürmischer Wetter wie Leben.

Auf der Erdoberfläche – und damit auch auf uns, die wir auf ihr herumwuseln – lastet ein gewaltiger Druck. Er wird durch die Lufthülle (Atmosphäre) erzeugt, die die Erde umgibt. Auf Meereshöhe ist dieser Druck am stärksten. Er nimmt mit zunehmender Höhe ab, weil man beim Hochsteigen ja einen immer größeren Teil der Atmosphäre unter sich lässt. Wenn wir Höhen schnell überwinden, sei es in einem Aufzug, im Flugzeug oder im Auto, spüren wir diese Druckunterschiede als Knacken in den Ohren. Luft ist zwar relativ leicht, aber durchaus nicht gewichtslos. Wir neigen dazu, Luft als schwerelos anzusehen, aber das ist falsch.

Wir leben, wie der italienische Vakuum-Forscher Evangelista Torricelli (1608–1647) meinte, auf dem »Boden eines Luftmeeres«, das mächtig auf uns lastet. Diese Last entspricht dem Gewicht einer 76 Zentimeter hohen Quecksilbersäule oder einer Wassersäule von etwa zehn Metern. Der Druck der Luft über uns entspricht also dem Druck in zehn Meter Wassertiefe. Das Erstaunliche ist, dass wir diesen Druck nicht spüren; wir spüren, wie gesagt, nur seine plötzliche Änderung, und dann auch nur in den Ohren. Denn der Luftdruck lastet nicht als ein Gewicht auf uns, das von oben drückt, sondern er wirkt von allen Seiten gleich, von den Fußsohlen nach oben wie vom Scheitel nach unten. Und so spüren wir ihn nicht als Druck.

Nun herrscht auf der Erdoberfläche – allein schon wegen der Höhenunterschiede – nicht überall der gleiche Luftdruck. Vielmehr wechselt dieser ständig. Denn die Lufthülle, die die Erde umgibt, ist ein dynamisches, chaotisches System, ein Durcheinander von Luftströmungen in Bodennähe, die durch Luftdruckunterschiede und die Erdrotation verursacht werden. Dabei strömt die Luft stets aus Gebieten mit hohem Luftdruck in solche mit niedrigem, was wir dann als Wind oder Sturm bezeichnen. Aus einem Gebiet mit hohem Druck strömt die Luft spiralig im Uhrzeigersinn aus dem Zentrum heraus, während sie in ein Gebiet mit tiefem Druck spiralig ins Zentrum hineinströmt, und zwar entgegen dem Uhrzeigersinn.

Ein Tiefdruckgebiet entsteht in der Regel dadurch, dass ein größeres Gebiet durch Sonneneinstrahlung erwärmt wird, was zur Folge hat, dass auch die darüber liegende Luft sich erwärmt und ausdehnt. Die erwärmte Luft besitzt jedoch eine geringere Dichte, sie wird also leichter und beginnt aufzusteigen: Der Luftdruck nimmt ab, ein Tiefdruckgebiet entsteht. Tiefdruckgebiete zeichnen sich durch ihre starke Wolkenbildung aus. Denn die Feuchtigkeit in der aufsteigenden Luft kondensiert und lässt so die Wolken entstehen. Tiefdruckgebiete bringen also schlechtes Wetter. Aber was heißt schon schlecht! Regen hat ja auch sein Gutes. Es soll sogar Menschen geben, für die Regenwetter das schöne Wetter ist.

Im Gegensatz zum Tiefdruckgebiet, das über einer großräumig erhitzten Region entsteht, bildet sich ein Hochdruckgebiet dort, wo Luft großräumig abgekühlt wird. Die erkaltete Luft zieht sich zusammen, wird also dichter und damit schwerer. Wegen der großen Dichte der Luft steigt ihr Druck, den sie auf die Erdoberfläche ausübt. Typisch für Hochdruckgebiete ist das sonnige Wetter, das sie bringen. Denn durch das Absinken der Luft werden vorhandene Wolken aufgelöst; solche finden sich dann nur noch an den Randgebieten des Hochs.

Was wir hier beschrieben haben, ist allerdings nur eine grobe Vereinfachung der Vorgänge bei der Wetterentstehung. In Wirklichkeit ist das Wechselspiel zwischen Hochs und Tiefs viel komplizierter, ebenso ihre Entstehung. Das macht Wetterprognosen auch so schwierig. Denn die Luftmassen, die beispielsweise in einem Tiefdruckgebiet zusammenfließen, kommen aus den unterschiedlichsten Gebieten – in unseren Breiten etwa aus der Arktis, dem Atlantik, dem Mittelmeer, aber auch von der großen russischen Landmasse.

Man kann zwar die Wetterentstehung im Computer simulieren, aber selbst bei sehr breiter Datengrundlage ist bestenfalls eine Vorhersage für 5 bis 6 Tage möglich. Die Schwierigkeit bei der Wetterprognose liegt vor allem darin, dass sich schon kleinste Messungenauigkeiten im Lauf der Zeit zu großen Fehlern summieren können. So ist es auch heute noch problematisch, das Wetter für die kommende Woche vorherzusagen, obwohl viele meteorologische Institute mit modernsten Großcomputern ausgerüstet sind.

Aber ist es nicht auch tröstlich, dass sich das Wetter der totalen Vorhersage und erst recht der Beherrschung durch den Menschen widersetzt? Das Wetter birgt viele Überraschungen – eine Bereicherung des Lebens, freilich oft auch mit katastrophalen Folgen. Dem Wetter kommt der Mensch nicht aus. »Denn alles auf der Welt«, schrieb der große Göttinger Gelehrte Georg Christoph Lichtenberg (1742–1799), »hat was mit dem Wetter zu tun, wir vergessen's bloß. Dabei ist es immer bei uns. Es wartet still im Hintergrund und hat Wetterhosen an. Es lauert auf eine Gelegenheit, über uns herzufallen, denn es ist da, bis ans Ende unserer Tage, ja, vielleicht noch länger.«

Warum gibt es Wolken am Himmel?

Die Fahne des Freistaats Bayern zeigt ein weiß-blaues Rautenmuster. Das Blau ist nicht irgendein Blau, sondern das Himmelblau eines klaren und warmen Sommertags. Das Weiß steht für die Schäfchenwolken, diese reizenden Schönwetterboten. Und beides zusammen spricht von der Heiterkeit und Lebenslust des Bergvolks der nördlichen Alpen.

Der Leser hat es schon gemerkt: Hier schreibt ein Bayer. Der lebt freilich schon lange im Berliner Exil, was er nur deshalb ohne größere Schübe von Schwermut erträgt, weil sich auch der Himmel über Berlin – und den zauberhaften Seen rundum – zuweilen ganz bayrisch gibt.

Wir Bayern haben's mit den Wolken. So muss es auch gar nicht verwundern, dass das schönste Wolkengedicht der Weltliteratur – durch die Poesie der Welt ziehen Wolken ohne Ende – von einem Bayern geschaffen wurde. Bertolt Brecht hat es geschrieben, »Erinnerung an die Marie A.« heißt es. Es erzählt vom jungen und glücklichen B. B., wie er mit seinem Liebchen im Arm unter einem Pflaumenbaum sitzt »an jenem Tag im blauen Mond September«. Und über dem Liebespaar »im schönen Sommerhimmel / War eine Wolke, die ich lange sah / Sie war sehr weiß und ungeheuer oben / Und als ich aufsah, war sie nimmer da.« Doch das ist lange vorbei. An die Liebste kann sich der Dichter nicht mehr erinnern, vergessen ist ihr Gesicht, er weiß nur noch, dass er es dereinst küsste. »Und auch den Kuss, ich hätt ihn längst vergessen / Wenn nicht die Wolke dagewesen wär / Die weiß ich noch und werd ich immer wissen / Sie war sehr weiß und kam von oben her ...«

Die Frage »Warum gibt es Wolken am Himmel?« ist also eine zutiefst bayrische Frage. Und die urbayrischste Antwort darauf lautet: Damit der Mensch sich ins Sommergras lege und die Wolken zufrieden betrachte. Aber das ist nur eine – eben die poetische – Seite der bayrischen Wolkenlust. Hinzu tritt eine andere Leidenschaft der Bayern, die als Erster der geniale bayrische Volkskundler und Stammvater der bayrischen Statistik Joseph von Hazzi (1768–1845) bemerkt und beschrieben hat: dieses fast schon selbstquälerische Interesse am Wetter und seiner Vorhersage, diese fast schon mystische Neugier auf jedes Wölkchen – sei es nun luftig weiß oder regenschwer blau. In seinem vierbändigen Werk »Statistische Aufschlüsse über das Herzogthum Bayern – aus ächten Quellen geschöpft« befriedigt Hazzi diese meteorologische Passion der Bayern ausgiebig. Das Werk wird eröffnet mit 150 Seiten höchst poetischer Wetterberichte. Zum Beispiel für den Monat Mai: »Den 1. hörte man Frösche quaken. Am 2. stand das Thermometer nur 3 Grad über dem Gefrierpunkte. Von dem Steinobste fielen die Blüthenknospen ab.« Danach weiß man, was man als Bayer eh weiß: Wetter kann so schön sein! – wenn's nicht gerade schlecht ist.

Von allen Wettererscheinungen lassen sich die Wolkenbilder am besten für Prognosen nutzen. Das liegt in ihrem Wesen begründet: Wolken geben Aufschluss über den Feuchtigkeitsgehalt der Luft und damit über einen – neben dem Luftdruck – entscheidenden Faktor bei der Wetterentstehung.

Das Wort »Wolke« bedeutet ja »die Feuchte«, das heißt »die Regenhaltige«. Damit ist eigentlich schon alles über das Wesen der Wolke gesagt. Doch ihr feuchtfröhliches Wesen will uns Fragegeister nicht zufrieden stellen. Wo kommen die Wolken, also diese geballten Feuchtigkeiten, überhaupt her, und wo wollen sie hin, wenn sie bedächtig oder eilig über den Himmel ziehen? Wieso regnet es gerade hier zu Lande so oft aus ihnen? Wieso rollen sie an heiteren Tagen in lockeren Formationen über uns hinweg, ohne uns nass zu machen? Woher rührt ihre unterschiedliche Gestalt? Wie wird aus einer harmlosen hellen Quellwolke eine dunkle bedrohliche Gewitterwolke? Fragen, die unsere Denkerstirn umwölken.

Und damit ist es endlich an der Zeit, der Wolkenpoesie die nüchterne Wissenschaft folgen zu lassen. Im Lexikon wird »die Feuchte« ganz trocken so beschrieben: »Wolken, sichtbare, in der Luft schwebende Ansammlungen von Kondensationsprodukten des Wasserdampfes, das heißt von sehr kleinen Wassertröpfchen, Eiskristallen oder beiden gemeinsam.« Voraussetzung für Wolkenbildung ist also eine genügend feuchte Luft. Die Feuchtigkeit in der Atmosphäre stammt aus den Weltmeeren. Die Sonneneinstrahlung lässt das Wasser an der Oberfläche verdunsten. Diese warme und feuchte Luft steigt nach oben und kühlt auf ihrem Weg ab, wobei der Wasserdampf in ihr kondensiert, also feine Wassertröpfchen bildet. Wolken entstehen. Denn kalte Luft kann weniger Wasser in sich aufnehmen als warme. Der Kondensationspunkt, auch Taupunkt genannt, ist dann erreicht, wenn die abkühlende Luft mit Feuchtigkeit gesättigt ist, das heißt ihre relative Feuchtigkeit 100 Prozent beträgt.

Wolken bestehen also aus nichts anderem als winzigen Wolken-Wassertröpfchen von einigen tausendstel Millimetern Durchmesser. Diese Tröpfchen sind zu leicht, um aufgrund der Schwerkraft zur Erde zu fallen; sie werden bereits von einem sehr schwachen Aufwind in der Schwebe gehalten oder sinken nur sehr langsam, nämlich ein paar Millimeter pro Stunde, nach unten.

Damit die überschüssige Feuchtigkeit aus der abkühlenden Luft überhaupt Wolkentröpfchen bilden kann, müssen genügend Kondensationskeime in der Luft vorhanden sein. Darunter versteht man mikroskopisch kleine Staub- oder Salzteilchen, an die sich die Wassermoleküle anlagern können, um Tröpfchen zu bilden. Diese winzigen Teilchen in der Luft werden Aerosole genannt. Neuere Forschungen haben gezeigt, dass die Strahlung, die beständig aus dem Kosmos auf die Erde trifft, bei der Wolkenbildung mithilft. Die kosmische Strahlung ist so intensiv, dass sie in den höheren Schichten der Atmosphäre Elektronen aus Gasmolekülen herausschlagen kann. Es entstehen so genannte Ionen, also Moleküle oder Atome, die elektrisch positiv geladen sind, weil ihnen ein Elektron, also negative Ladung, fehlt. Das freigesetzte Elektron lagert sich an ein anderes Molekül an und verwandelt es in ein negatives Ion. An diese positiven oder negativen Ionen lagert sich wiederum Schwefelsäure an, die es in der Atmosphäre reichlich gibt. Diese wiederum bindet dann Wassermoleküle an sich. So wächst in kurzer Zeit aus einem winzigen Molekül-Ion ein stabiles Tröpfchen aus 70 Prozent Schwefelsäure und 30 Prozent Wasser. Wolken bestehen also nicht aus reinem Wasser; nicht umsonst spricht man vom »sauren Regen«.

Weiße, haufenförmige, scharf abgegrenzte Wolken werden als Kumulus bezeichnet (von lateinisch cumulus = Haufen); sie sind Schönwetterboten, solange sie relativ flach bleiben und dabei leuchtend weiß im Sonnenlicht erstrahlen. Neben diesem Wolkentypus gibt es noch neun andere Wolkengattungen, die entsprechend ihren Höhen drei Wolken-Stockwerken zugeordnet werden. Ganz oben, in 7 bis 13 Kilometer Höhe, finden wir die fasrigen Zirrus-Wolken (von lateinisch cirrus = Haarlocke, Franse); sie bestehen aus feinen Eiskristallen, die diese Wolkenart in seidig glänzendem Weiß aufleuchten lassen. In dieser großen Höhe erscheinen daneben noch Zirrostratus (stratus bedeutet »Schicht«) als weißer Eiswolkenschleier, der meist den ganzen Himmel überzieht, und Zirrokumulus in Gestalt feiner Schäfchenwolken oder als Felder kleiner, weißer Wolkenflocken. Alle drei Wolkengattungen des oberen Stockwerks gelten als Zeichen für ein herannahendes Schlechtwettergebiet.

Die mittelhohen Wolken in 2 bis 7 Kilometer Höhe werden Altokumulus, Altostratus und Nimbostratus genannt (alto bedeutet »hoch« und nimbo leitet sich von nimbus ab, was »Regen und Sturm« bedeutet). Altokumulus, also eine »hohe Haufenwolke«, besteht aus gröberen Schäfchenwolken oder aus weißen und grauen Wolkenballen oder -walzen. Altostratus, also eine »hohe Schichtwolke«, bildet graue oder bläuliche Wolkenschichten, die große Teile des Himmels bedecken. Die Sonne wirkt hinter dieser Wolkenschicht, als scheine sie durch Milchglas. Auch diese Wolkentypen sind Boten eines nahenden Schlechtwetters. Als Nimbostratus bezeichnet man eine graue bis dunkelgraue Wolkenschicht, aus der Regen fällt.

In der untersten Schicht (0 bis 2 Kilometer) findet man Stratokumulus (»Schichthaufen«); das sind tief hängende Bänke aus grauen oder weißlichen Wolkenteilen, die die Form von Ballen oder Walzen haben. Diese Wolken stellen also eine Übergangsform von Schicht- zu Quellwolken dar. Sie bringen gewöhnlich keine Niederschläge, zeigen aber vorhandene feuchte Luftmassen an. Dagegen regnet es aus Stratus, allerdings nur in feinen Tröpfchen. Wir sprechen dann von Nieselregen. Stratus ist eine flache, graue, gleichförmige Wolkenschicht mit tiefer Untergrenze; man kann Stratus auch als Nebel oder Hochnebel bezeichnen. Nebel ist im Grunde nichts anderes als eine auf dem Boden aufliegende Schichtwolke. Bei Nebel befinden wir uns also inmitten einer Wolke. Man muss nur auf einen hohen Berg steigen, um den Nebel als Wolkenschicht mit scharfer Obergrenze erleben zu können – ein fantastischer Anblick, vor allem, wenn man in der Ferne andere Berge wie Inseln aus dem Wolkenmeer ragen sieht. Dieses Schauspiel bietet sich vor allem im Herbst und im Winter, wenn die Tage immer kürzer werden. Dann nimmt die Dauer des Sonnenscheins in den Niederungen stark ab, während in höheren Regionen noch viel Sonne ist und relativ hohe Temperaturen erreicht werden. Der Nebel ist gleichsam ein See aus kalter und feuchter Luft, der in den Tälern liegt. Da die Luft in diesem »See« viel kälter ist als die darüber liegende, kondensiert die Feuchtigkeit zu feinsten Wassertröpfchen, die so leicht sind, dass sie in der Luft schweben. Die so entstandene Nebeldecke ist meist dicht genug, um am Tag das Vordringen der Sonnenstrahlen bis zum Boden zu verhindern. Es bleibt kalt, wobei die Temperaturen im Nebelmeer oft viel niedriger sind als oben auf den Bergen. Man spricht von einer Inversion (= Umkehrung), das heißt, die Temperatur nimmt mit der Höhe nicht ab, wie das bei normaler Wetterlage der Fall ist, sondern sie nimmt zu. Liegt der Nebel einmal in einem Tal oder einer Senke, so kann es mit seiner Auflösung lange dauern. Vielmehr ist es meist so, dass der Nebel sich selber noch verstärkt. Denn die weiße Nebelschicht strahlt das Sonnenlicht fast vollständig in den Weltraum zurück; der Kaltluftsee am Boden wird also kaum erwärmt. Doch nur durch Erwärmung der Luft könnte er sich auflösen. Erst das Herannahen einer warmen Luftströmung beendet solch eine stabile Wetterlage in den herbstlichen Tälern. Zum

Frühling hin werden die Tage mit hartnäckigem Nebel seltener, da die Nächte dann schon zu kurz sind, um einen Kaltluftsee entstehen zu lassen.

In dieser untersten Atmosphärenschicht zeigt sich auch der Schönwetter-Kumulus, den wir schon erwähnt haben. Wenn sich diese Haufenwolken bei gewittriger Wetterlage zu mächtigen Wolkengebirgen auftürmen, spricht man von Kumulonimbus. Sie erreichen große Höhen, wo sie sich ambossartig ausbreiten. Aus ihnen ergießen sich die stärksten Niederschläge, auch in Form von Hagel, meist von Gewittern begleitet, weshalb man Kumulonimbus auch als Gewitterwolke bezeichnet. An schwülen Sommertagen mit instabiler Schichtung in der Atmosphäre kann man oft sehr schön beobachten, wie sich im Lauf des Nachmittags aus kleinen Schönwetter-Kumuluswolken mächtige Kumulonimbus-Wolken auftürmen, die dabei immer dunkler, also regenschwerer werden.

Die unerschöpflich gestaltende Natur hält sich bei den Wolkenbildern freilich nicht streng an diese zehn Wolkengattungen, die wir soeben beschrieben haben. Der Himmel zeitigt unzählige Variationen dieser Grundformen, alle möglichen Mischungen und Übergänge, die der Wolkenkundige alle zu deuten weiß – auch außerhalb Bayerns. Womit wir am Ende wieder bei den Bayern und ihrer Wolkenlust angekommen sind. Also schließen wir dieses luftig feuchte Kapitel, indem wir noch einmal den Wolkendichter B.B. zitieren: »Über der Welt sind die Wolken, sie gehören zur Welt. Über den Wolken ist nichts.«

Warum hagelt es im Sommer und nicht im Winter?

Wasser fällt in vielerlei Gestalt vom Himmel, als Regen – vom feinsten Nieselregen bis zum schweren Platzregen –, als Graupel, Schnee oder Hagel. Gefrorenen Niederschlag in Form von Graupel- oder Eiskörnern würden wir eher mit dem Winter als mit dem Sommer in Verbindung bringen. Doch auf beides werden wir im Winter vergeblich warten. Voraussetzung für Hagelschlag ist eine starke Gewitteraktivität – und die gibt es in der kalten Jahreszeit nicht. Zwar kommt es gelegentlich zu Wintergewittern, doch die sind schwach und nach ein paar Blitzen auch gleich wieder vorüber.

Hagel tritt in unseren Breiten stets nur in Verbindung mit heftigen Sommer-Unwettern auf, wie sie in den heißen Monaten Juli und August üblich sind. Die Wetterlage sieht dann meistens so aus, dass eine herannahende Kaltfront auf feuchtwarme tropische Luftmassen stößt – und dies vor allem im gebirgigen Gelände und Vorgebirge. Hagel-Unwetter sind in der Regel kurz und heftig, kündigen sich aber schon Stunden vorher an: Der Vormittag ist warm, der Himmel noch klar, also die Luftfeuchtigkeit gering – eine durchaus angenehme Witterung. Doch am Nachmittag ist eine plötzliche und sichtbare Eintrübung der Luft zu bemerken. Die Temperatur ist nicht höher als zu Mittag, aber man empfindet das Klima auf einmal als drückend heiß und schwül – ein Hinweis, dass die Luftfeuchtigkeit stark angestiegen ist. Eine feuchte Südwest-Strömung hat den angenehm trockenen Ostwind der vergangenen Tage verdrängt. Das Wetter schlägt um, wie man sagt.

Beim gleichzeitigen Vorstoß einer nördlichen, zuweilen sogar polaren Kaltfront auf diese feuchtwarmen Luftmassen entsteht eine brisante Unwettersituation, und zwar dort, wo die beiden so unterschiedlichen Luftmassen aufeinander prallen. Je größer die Temperaturunterschiede zwischen diesen Luftmassen sind, umso heftiger tobt das Gewitter. Die kalte und damit schwerere Luft schiebt sich unter die warme und leichtere Luft und drückt sie nach oben. Dort, wo die kalte Luft sich unter die warme schiebt, treten oft Turbulenzen auf, also starke Luftverwirbelungen auf engstem Raum. Diese können für die Passagiere von Flugzeugen sehr unangenehm werden. Die kalte Luft türmt sich, bevor sie unter die warme Luft gerät, wie eine Welle auf, um anschließend, stark verwirbelt, wieder nach unten zu fallen. Dabei kann ein Flugzeug, das in solch eine Turbulenz gerät, bis zu 1500 Meter absacken. Für das Flugzeug besteht dabei zwar keine Gefahr, jedoch für die Reisenden: Sie können, falls sie nicht angeschnallt sind, bis an die Kabinendecke geschleudert und von herumfliegenden Gegenständen verletzt werden.

Besonders wo Berge im Weg sind (zum Beispiel die Alpen), wird die warme und feuchte Luft in sehr große Höhen (10 bis 15 Kilometer) gedrückt. Dabei kondensiert das in der feuchten Luft enthaltene Wasser zu Wolken aus. Ein mächtiges Wolkengebirge türmt sich auf. Die im Wasserdampf gespeicherte Wärmeenergie wird bei der plötzlichen Abkühlung in mechanische Energie (= Luftbewegung) umgewandelt: Es entstehen kräftige Sturmböen aus kalter Luft, die aus den höheren Teilen der Wolke nach unten stürzen. Gleichzeitig entstehen kräftige Aufwinde mit Geschwindigkeiten von mehr als 300 Stundenkilometern. Diese tragen die im unteren und mittleren Bereich der Wolke entstehenden Regentropfen in große Höhen hinauf, wo sie zu Eiskörnern gefrieren. Danach sinken sie in der Wolke wieder nach unten, um von den Aufwinden erneut erfasst und nach oben geführt zu werden. Bei jedem Aufstieg bildet sich eine weitere Eisschale um das wachsende Hagelkorn. Das geschieht so lange, bis die Körner zu groß sind, um von den Aufwinden noch weiter transportiert werden zu können. Sie fallen endlich aus großer Höhe auf die Erde.

Ob sie den Boden tatsächlich als Eisbälle erreichen, hängt vor allem von ihrer Größe in der Wolke ab. Sind sie klein, dann tauen sie in den wärmeren unteren Wolkenschichten auf und erreichen den

Boden als typischer Gewitterregen mit überdurchschnittlich großen und kalten Tropfen. Sehr große Hagelkörner schmelzen nur zum Teil ab und krachen als Eisklumpen auf die Erde, wo sie zumeist großen Schaden anrichten. Bei dem als »Münchner Hagelschlag« berühmt gewordenen Unwetter vom 12. Juli 1984 fielen faustgroße Eisbälle auf die Stadt. Das größte gemessene Hagel-»Korn« hatte einen Durchmesser von 9,5 Zentimetern und wog 300 Gramm.

Warum zerplatzen Seifenblasen?

Die Seifenblase ist ein Symbol, ein vielseitig gebrauchtes Bild für Unbeständigkeit und spielerische Nichtigkeit, für das Glück auch, das in allen Farben schillert und meist nur von kurzer Dauer ist. Seifenblasen sind heitere Gebilde – und stimmen dennoch ein wenig melancholisch.

Mit Wasser allein lassen sich keine Blasen formen; das wären dann Wasserblasen, und die kennt man als unangenehme Begleiterscheinung an den Füßen nach langem Marsch. Die Oberflächenspannung von Wasser ist viel zu groß, als dass es möglich wäre, damit Blasen zu erzeugen. Die Moleküle des Wassers ziehen sich gegenseitig viel zu stark an, das heißt sie bilden Tropfen, aber keine Hohlkugeln. Dem Wasser muss also ein Stoff beigemischt werden, der die Oberflächenspannung vermindert. Dafür eignet sich Seife am besten. Seifenmoleküle besitzen ein Wasser abweisendes Ende. Schüttelt man eine Seifenlösung oder bläst mit einem Strohhalm in sie hinein, so bilden sich Blasen, deren wässrige Haut innen wie außen von einem feinen Seifenfilm bedeckt ist. Die einzelnen Moleküle dieses Seifenfilms werden dabei so ausgerichtet, dass ihre Wasser abweisenden Enden nach außen beziehungsweise ins Blaseninnere zeigen. Dieser feine Schutzfilm verleiht der Seifenblase eine gewisse Dauer; er sorgt dafür, dass das Wasser an der Außenhaut nicht verdunsten kann.

Der Seifenzusatz macht also die Bildung von schönen großen Blasen erst möglich und sorgt gleichzeitig für ihren Bestand. Freilich, wie der Mensch, so lebt auch eine Seifenblase nicht ewig. Kaum erhebt sie sich in die Luft und glänzt bunt schillernd im Sonnenlicht, naht auch schon ihr Ende. Sie zerplatzt. Das ist nicht weiter tragisch; man kann ja sofort neue produzieren.

Aber wieso zerplatzt die Seifenblase, wo wir doch eben noch feststellten, dass der Seifenschutzfilm die Verdunstung verhindert? Nun, die Seifenblase geht nicht an Verdunstung zu Grunde, sondern an der Schwerkraft. Mag sie noch so leicht sein – die Seifenflüssigkeit, aus der sie besteht, läuft in der Blase immer weiter nach unten. Je mehr Flüssigkeit aber nach unten fließt, umso dünner wird die Blasenwand oben. Irgendwann ist sie so dünn, dass die Wand dem Luftdruck im Innern nicht mehr standhalten kann: Peng! Dieses »Peng!« ist nur viel zu leise, um von unseren Ohren wahrgenommen zu werden.

Mit einer besonderen Seifenlösung lassen sich regelrechte Monsterblasen herstellen. Hier das Rezept: In 1,5 Liter Wasser gebe man 200 Milliliter Maissirup und 450 Milliliter Geschirrspülmittel. Alles gut durchmischen und vier Stunden ruhen lassen. Einen großen Metallring (ca. 20 bis 30 Zentimeter im Durchmesser) vorsichtig eintauchen und anschließend mit ruhiger Bewegung durch die Luft ziehen.

Die durch Blasen erzeugten Blasen – man könnte sie Blaseblasen nennen – steigen immer erst ein wenig in die Höhe, bevor sie dann zu Boden sinken. Das kommt von der warmen Atemluft in ihrem Innern; die sorgt für den Auftrieb. Der ist um so stärker, je kälter die Umgebungsluft ist. Was passiert eigentlich, wenn man bei strengem Frost Seifenblasen fliegen lässt? Wer's wissen will, sollte es einfach mal ausprobieren. Und damit genug der Phrasen, her mit den echten Seifenblasen!

Warum sprudelt Sprudel?

Öffnet man eine Flasche mit Sprudel oder Limonade, dann zischt es. Das Zischen lässt darauf schließen, dass im Innern der Flasche ein Überdruck herrschte, der im Augenblick des Öffnens freigesetzt wird. Ein Gas entweicht und verursacht das zischende Geräusch, nicht anders als bei einem kaputten Fahrradschlauch.

Allerdings entweicht aus der Sprudelflasche keine Luft, sondern Kohlendioxid (CO_2). Es wurde dem Getränk bei der Herstellung zugesetzt, damit es beim Trinken angenehm auf der Zunge prickelt. Das erhöht den Trinkgenuss und man kann danach wunderbar rülpsen.

Nach dem Öffnen steigen in der Flüssigkeit winzige Gasbläschen auf; solange die Flasche verschlossen war, war davon nichts zu bemerken. Das hat damit zu tun, dass sich nach dem Abfüllen und Verschließen der Flasche ein Gleichgewicht zwischen dem im Sprudel gelösten und dem direkt unter dem Verschluss angesammelten Kohlendioxid eingestellt hat. Dieses Gleichgewicht hatte Anfang des 19. Jahrhunderts der englische Physiker und Chemiker William Henry (1774–1836) entdeckt und auch gleich das Gesetz dazu formuliert, weshalb es Henry-Gesetz genannt wird: Die Menge des in einer Flüssigkeit gelösten Gases ist proportional zum Druck des darüber befindlichen Gases. Öffne ich die Getränkeflasche oder -dose, dann fällt der Druck des gasförmigen Kohlendioxids, das sich oberhalb der Flüssigkeit angesammelt hat, urplötzlich ab; das bis dahin vorherrschende thermodynamische Gleichgewicht ist aufgehoben. Das hat zur Folge, dass das Getränk mit Kohlendioxid übersättigt ist; das überschüssige Gas entweicht nach und nach. Ein neues Gleichgewicht gegenüber dem Luftdruck stellt sich erst ein, wenn genügend Kohlendioxid aus dem übersättigten Getränk entwichen ist. Erst dann hört die Bläschenbildung auf. Würde man das Getränk in ein

Vakuum geben, so würde auch noch der letzte Rest des Kohlendioxids aus der Flüssigkeit entweichen.

Hat man das Getränk in ein Glas eingeschenkt, so kann man beobachten, wie die Gasbläschen in regelrechten Perlenschnüren von der inneren Glasoberfläche aufsteigen. Besonders schön lassen sich diese Schnüre bei Sekt, besser noch bei Champagner, beobachten. Da sind es dann oft mehrere hundert Perlenschnüre.

Aber wieso steigen sie nur an ganz bestimmten Punkten auf und bilden sich nicht an der gesamten Glasoberfläche? Lange Zeit wurden dafür Unebenheiten in der Glasoberfläche verantwortlich gemacht. Doch diese sind dafür meistens viel zu klein, um eine Bläschenbildung anzuregen. Verursacher sind vielmehr Verunreinigungen, die an der Glaswand haften, vor allem hohle, mehr oder weniger zylindrisch geformte Zellulosefasern, die aus der Luft oder vom Abtrockentuch stammen. Sie sind Wasser abstoßend und werden deshalb beim Einfüllen nicht vollständig von der Flüssigkeit benetzt; so können sich in den winzigen Hohlräumen Moleküle des im Getränk gelösten Kohlendioxids sammeln und Bläschen bilden. Ab einer bestimmten Größe lösen sie sich wegen des Auftriebs von ihrem Entstehungsort und machen den Platz frei für neue Bläschen.

Je mehr Kohlendioxid in einer Flüssigkeit gelöst ist, um so rascher folgt Bläschen auf Bläschen. So hat beispielsweise Champagner einen dreimal höheren Gehalt an Kohlensäure als Bier. (Kohlensäure ist das in Wasser gelöste Kohlendioxid, chemische Formel: $H_2CO_3 = H_2O + CO_2$). Von den besonders aktiven Keimstätten eines Champagnerglases können bis zu dreißig Bläschen pro Sekunde aufsteigen und feinste Perlenschnüre bilden. Wer genau hinschaut, kann feststellen, dass die Bläschen auf ihrem Weg zur Oberfläche stetig wachsen, weil vom gelösten Kohlendioxid etwas in die Blase eindringt: Es findet eine Diffusion statt. Dadurch wächst der Auftrieb, was dazu führt, dass die Bläschen mit dem Größerwerden auch entsprechend beschleunigen und ihr gegenseitiger Abstand sich vergrößert. Beim Erreichen der Oberfläche sind sie etwa einen Millimeter groß. Ein Teil des Bläschens taucht aus der Oberfläche und zerplatzt, wobei ein mikroskopisch feiner Flüssigkeitsstrahl einige Zentimeter aus der Oberfläche hochspritzt. Bei einem Glas Champagner sind es hunderte pro Sekunde, was dem Getränk eine geradezu »stachelige« Oberfläche verleiht. Das ist nicht nur schön anzusehen, sondern erzeugt das typische prickelnde Gefühl beim Trinken, wobei nicht nur der Mund, sondern auch die Nase beteiligt ist; ja, sogar die Augen bekommen noch einige hochspritzende Tröpfchen ab. Diese enthalten hohe Konzentrationen an aromatischen Molekülen, die von den hochsteigenden Bläschen im Huckepackverfahren mitgenommen wurden, um sich dann auf der Oberfläche des Getränks niederzuschlagen. Dort entsteht ein regelrechter Aromasee, der die charakteristische Duftnote des Getränks unterstreicht.

Jetzt fragen wir uns natürlich, woher man das alles weiß. Nun, weil Champagner-Kellereien eigens Chemiker anstellen, die das alles erforschen. Sie ergründen die letzten Geheimnisse edlen Champagners, um ihn vielleicht noch weiter veredeln zu können. Das kann freilich all jenen egal sein, die sich keinen Champagner leisten können. Doch chemisch funktioniert gewöhnlicher Sekt auch nicht anders als Champagner. Zugegeben, ein schwacher Trost!

Von Spinnen und Fischen – und anderen Flugobjekten

Warum kann man Sternschnuppen gelegentlich hören?

Zweimal im Jahr bietet sich jedem die Gelegenheit, seine sämtlichen noch offenen Wünsche zu erfüllen. Dazu bedarf es nur eines wenige Millimeter großen Staubkorns. Wenn dieses mit sehr hoher Geschwindigkeit in die Erdatmosphäre eindringt, verglüht es in Sekundenschnelle, eine helle Lichtspur hinter sich herziehend. Als Sternschnuppe bezeichnen wir diese Erscheinung am Nachthimmel, die freilich nur in klaren, wolkenlosen Nächten sichtbar ist. Das Wort »Schnuppe« hat mit dem Schnupfen zu tun. Denn in der alten volkstümlichen Vorstellung betrachtete man den Sternschnuppenfall als Folge einer Sternreinigung: Die Sterne schnäuzen sich, so dachte man, und die Schnuppen seien gewissermaßen der Sternenrotz, der auf die Erde fällt. An der Stelle, wo die »Sternschnupfe« niedergeht, könne man einen Schatz finden – oder einen Kuhfladen.

Wer eine Sternschnuppe sieht, darf sich was wünschen. Er sollte seinen Wunsch aber niemandem erzählen; nur der verschwiegene Wunsch geht in Erfüllung. Während man Sternschnuppen gewöhnlich nur selten zu Gesicht bekommt – was der Wunscherfüllung erst ihr besonderes Gewicht verleiht –, bricht im August (besonders um den 13.8. herum) und im November (besonders um den 17.11. herum) ein wahrer Sternschnuppen-Regen über uns herein. Mit etwas Glück lassen sich dann Hunderte oder gar Tausende von Sternschnuppen pro Stunde beobachten. Dann kommt man mit dem Wünschen nicht mehr hinterher – es droht wunschloses Glück. Aus eigener Erfahrung kann ich nur raten, bei einem Wunsch zu bleiben und diesen durch jede weitere Sternschnuppe bekräftigen zu lassen. Die Erfahrung zeigt auch, dass Sternschnuppen auf öde materielle Wünsche (»Liebe Sternschnuppe, ich wünsche mir ein Fahrrad mit 24 Gängen!«) nicht ansprechen. Sie, die von so weit zu uns kommen, erhören nur Wünsche, die ihrerseits in höhere geistige Sphären weisen.

Der Grund für diese Meteoritenschauer sind zwei Kometen, deren Bahnen die Erde kreuzt: im August die des Kometen Swift-Tuttle, im November die von Temple-Tuttle. Auf ihren weiten Bahnen um die Sonne verlieren die Kometen, die ja nichts anderes als schmutzige Eisbälle sind, jede Menge Material. Dieses sammelt sich entlang der Umlaufbahn an und hinterlässt dort eine Art kosmische Sandbahn oder Schutthalde, die die Erde einmal pro Jahr durchquert. Der etwa zehn Kilometer große Komet Swift-Tuttle könnte nach aktuellen Computerberechnungen am 14. August des Jahres 2116 sogar mit der Erde zusammenstoßen. Da wird das Wünschen der ganzen Menschheit nötig sein, um das zu verhindern.

Weil der Sternschnuppen-Schwarm im August – aufgrund eines perspektivischen Effekts, hervorgerufen durch die Erddrehung – aus dem Sternbild des Perseus zu kommen scheint, spricht man von den Perseiden. Der Schwarm im November heißt Leoniden, weil es so aussieht, als käme er aus dem Sternbild des Löwen (lateinisch leo = Löwe).

Doch was die wenigsten wissen: Sternschnuppen sind nicht nur faszinierende Erscheinungen fürs Auge, sondern man kann sie gelegentlich sogar hören. Diesen »Gesang der Sterne« kennt man schon lange. Davon berichteten bereits Sterngucker im alten China und bei den Sumerern. In einer chinesischen Chronik aus dem Jahre 817 heißt es, ein Meteor habe ein Geräusch verursacht, das demjenigen einer Schar ziehender Kraniche geähnelt habe. Wissenschaftlich untersucht wurden diese »zischenden Feuerkugeln« aber erst im Jahre 1719 durch den Astronomen Edmund Halley (1656–1742), nach dem auch ein berühmter Komet benannt ist. Halley verwies schließlich diese Berichte ins Reich der Fantasie – mit gutem Recht. Denn Sternschnuppen leuchten in einer Höhe von etwa 100 Kilometern auf. Das Licht gelangt zwar in Sekundenbruchteilen in unser Auge, aber nicht der Schall; er würde für diese Strecke mehr als fünf Minuten benötigen, da er in einer Sekunde nur 300 Meter zurücklegt. Tatsächlich aber wurden die Sternschnuppen-Geräusche von modernen Wissenschaftlern bestätigt, allerdings nur für besonders große Sternschnuppen, den so genannten Feuerkugeln oder Boliden. Diese sind jedoch sehr selten. Ursache sind nicht Millimeter kleine Sandkörner, sondern Gesteinsbrocken von der Größe eines Handballs; sie erstrahlen beim Verglühen oft heller als der Vollmond.

Eine plausible Erklärung für den Gesang der Feuerkugeln fand man erst in jüngster Zeit. Ein australischer Physiker lieferte sie im Jahre 2001. Colin Keay, so heißt der Forscher, kam auf die Idee, dass zusammen mit der Leuchtspur einer solchen Feuerkugel womöglich auch langwellige Radiostrahlen entstehen könnten. Diese würden sich genauso schnell wie das sichtbare Licht ausbreiten. Zwar kann man Radiowellen weder sehen noch hören, aber sie sind in der Lage, in elektrischen Leitern (etwa Eisen- oder Kupferteilen) elektrische Ströme zu erregen – zu induzieren, wie der Physiker sagt. Sind diese Radiostrahlen intensiv genug, können sie solche metallischen Gegenstände sogar zum Vibrieren bringen. Die umgebende Luft schwingt dann mit, was bei geeigneter Frequenz als Geräusch wahrgenommen werden kann. Diesen »Radiowellen-Klang« konnte man inzwischen schon im Labor erzeugen. Dort zeigte sich, dass nicht nur Metallteile Radiowellen in Schall umwandeln können, sondern auch Tannennadeln oder Blätter von Laubbäumen.

Die Frage ist natürlich, warum überhaupt Radiostrahlung entstehen soll, wenn ein großer Meteorit in der Atmosphäre verglüht. Verantwortlich hierfür ist auf jeden Fall die hohe Bewegungsenergie der Kometenbrocken: Sie rasen mit mehr als 200 000 Kilometer pro Stunde in die Erdatmosphäre. Dabei erhitzt sich die umgebende Luft so stark, dass auch deren Atome und Moleküle aufleuchten; die Luft in der Flugbahn der Meteoriten wird zum so genannten Plasma aufgeheizt. Das Magnetfeld der Erde »verfängt« sich in diesem Leuchtkanal aus Plasma und wird dabei entsprechend den Turbulenzen im Plasma verdreht. Es bilden sich magnetische Knoten, die laufend wieder entwirrt und neu geknüpft werden. Durch dieses

Hin- und Herschwingen der magnetischen Knoten wird langwellige Radiostrahlung erzeugt.

Wer also demnächst in einer klaren August- oder Novembernacht wieder auf Sternschnuppenjagd (plus Wunscherfüllung) geht, sollte nicht nur die Augen, sondern auch die Ohren aufsperren. Bei einer zischenden Sternschnuppe erfüllt sich augenblicklich jeder Wunsch, sogar der nach einem Fahrrad mit 24 Gängen.

Warum fliegen im Herbst Spinnweben durch die Luft?

Als heimliche Dichter und Philosophen, die wir alle sind, lieben wir die süße Schwermut eines dahingegangenen Sommers – unwiederbringlich dahin! Als wollte der Herbst diese Schwermut noch süßer und schwerer machen, schenkt er uns in so manchem Jahr diese wunderbar schönen, heiteren Tage, die als »Nachsommer« oder »Altweibersommer« vortrefflich benannt sind: sonnige, windstille Tage, in denen der Sommer, der entschwundene, leise widerhallt.

Jetzt aber genug der Halb- und Viertelpoesie! – indem wir noch folgenden vollpoetischen Satz zum Besten geben: »Herbstfäden ziehn im Abendschein in leisem Hin- und Wiederwehn.« Zu finden ist er im »Volksblatt für Stadt und Land« des Jahres 1867. Ganz typisch sind diese »Herbstfäden« für den Altweibersommer, so typisch, dass man ihnen selbst den Namen »Altweibersommer« gab. Man nennt sie auch »fliegender Sommer«, »Mädchensommer« oder »Mariengarn«.

Jeder kennt diese feinen Spinnfäden, die in Flocken und langen Strängen durch die Luft schweben und sich im Gesicht des Spaziergängers verfangen. Oft sind die Wegränder und Felder mit einem Schleier feiner Spinnweben bedeckt. Frühmorgens sind sie von Tau überzogen und glitzern im Sonnenlicht. (Wer's noch nicht gemerkt hat: Unser Pegasus, das hohe und geflügelte Ross der Dichtkunst, geht schon wieder mit uns durch.) Zu Mittag, wenn sich die Luft über dem Boden erwärmt, steigen die Spinnfäden oft hoch empor und sinken gegen Abend mit der sich abkühlenden Luft wieder herab.

Aber woher kommen diese Spinnfäden? Natürlich von Spinnen, was sonst? Die extreme Feinheit lässt auf junge Spinnen schließen. Denn im Gegensatz zu Insekten kommen Spinnen nicht schon ausgewachsen auf die Welt, sondern müssen wie unsereins erst wachsen, wobei sie sich mehrmals häuten, was uns Menschen gottlob erspart bleibt. Wer an einem Altweibersommertag mal ganz genau die Wegränder untersucht, wird irgendwann winzig kleine Babyspinnen entdecken, die überall an Steinen und Grashalmen herumklettern und ihre Gespinste auf ihnen zurücklassen. Allerdings muss man sich bei der Beobachtung längere Zeit vollkommen still verhalten, denn jede kleinste Erschütterung wird vom Fadengewirr übertragen, was die Spinnchen in ihre Verstecke treibt.

Der leiseste Windhauch kann die Fäden hoch- und davontragen, oft mit den jungen Spinnen darauf. Ein Luftritt auf locker gewirktem Seidenteppich. (Der Leser hat's diesmal bemerkt: eine erneute poetische Anwandlung!) So wird die Verbreitung der Art über große Gebiete gesichert. Vor allem ist es die Familie der Zwergspinnen (Erigone), die sich dieses Transportmittels durch die Luft bedient. Die Tiere sind ausgewachsen höchstens 2 Millimeter groß. Auch erwachsen betätigen sie sich gern als Flieger. Sie erklettern Bäume oder suchen andere hoch gelegene Punkte in der Landschaft auf, spinnen einen langen Faden und lassen sich daran mit dem Wind davontreiben.

Warum fallen manchmal Fische vom Himmel?

Alles Mögliche kann vom Himmel fallen: Kometen, Asteroiden, Sternschnuppen, Graupel- und Hagelkörner, Regentropfen, Schneeflocken, Zwergspinnen etc. Manchmal fällt auch Unmögliches vom Himmel, zum Beispiel Fische. Wenn es sich dabei um fliegende Fische handelte, wären wir nicht weiter erstaunt. Schließlich sind deren Brustflossen zu regelrechten Tragflächen vergrößert, was ihnen Gleitflüge bei einer Fluggeschwindigkeit von ca. 50 Stundenkilometern ermöglicht. Wenn sie Pech haben, fallen sie auf das Deck eines Kreuzfahrtschiffs und bieten den gelangweilten Passagieren eine willkommene Abwechslung im Einerlei der Tage.

Aber von fliegenden Fischen ist hier nicht die Rede. Die Rede ist von ganz normalen Fischen. Zugegeben, alltäglich ist es nicht, wenn es Fische regnet – und damit handelt es sich auch um kein echtes Alltagsrätsel –, aber es kommt doch gelegentlich vor, und zwar in den Küstenregionen der Meere. Voraussetzung dafür sind starke Wirbelstürme. Diese drücken mitunter Wasser aus dem Meer hoch, wobei auch kleinere Fische mit in die Luft gerissen werden können. Unlängst ist das in Nordgriechenland vor der Hafenstadt Thessaloniki mit einem größeren Schwarm Sardinen geschehen. Die Fische gelangten auf dem Luftweg 15 Kilometer weit ins Hinterland und fielen dort auf die Felder.

Ähnliches wurde von einer ostfriesischen Insel gemeldet; dort landete eine Flunder unsanft in einem Garten und danach im Kochtopf des Gartenbesitzers. Ein Wirbelsturm war dafür gewiss nicht verantwortlich, denn eine Flunder hält sich gewöhnlich auf dem Grund des Meeres auf. Allerdings kann man ihrem flachen Körper gewisse Segeleigenschaften nicht absprechen. Wie die Flunder zum Fliegen kam, blieb ungeklärt. In Ostfriesland muss man mit allem rechnen.

Ebenso in Bayern. Von dort, wo es bekanntlich keine Meeresstrände gibt – nur im Mittelalter reichte Bayern kurzzeitig, nämlich von 952 bis 976, bis ans Mittelmeer –, wird berichtet, dass auf der elektrischen Oberleitung der Augsburger Straßenbahn eines Tages eine flunderartige Lederhose niederging. Woher sie kam, blieb ebenfalls ungeklärt. Vielleicht hat sie jemand einfach aus dem Fenster geworfen.

Aus den USA wird gemeldet, dass kalifornische Feuerwehrmänner nach einem Waldbrand in der Krone eines verkohlten Baumes einen toten Mann im Taucheranzug fanden. Es fand sich auch eine einleuchtende Erklärung für dieses tragische, ganz und gar nicht alltägliche Alltagsrätsel: Ein Löschflugzeug, hieß es, habe den Taucher verschluckt, als es in einem nahe gelegenen See Wasser in seinen Tank aufnahm; einige Kilometer entfernt davon habe das Flugzeug dann seine Wasserfracht mitsamt dem Taucher über dem brennenden Wald entladen.

In dieser Welt ist alles möglich; nicht nur Fische, auch Taucher können vom Himmel fallen.

Warum fliegen Nachtfalter ans Licht?

Auf diese Frage gab mir mein Sohn, als er sich im hochphilosophischen fünften Lebensjahr befand, die treffliche Antwort: »Um was zu sehen.« Tatsächlich gibt uns die Wissenschaft keine grundsätzlich andere Antwort auf diese Frage. Viele nachtaktive Insekten, nicht nur Nachtfalter, fliegen ans Licht, um besser sehen zu können, oder anders: um in der Dunkelheit nicht die Orientierung zu verlieren. Als natürliche Orientierungslichter dienen ihnen hierzu ausschließlich der Mond und die Sterne. Künstliche Lichtquellen waren in der Evolution nicht vorgesehen. Sie bringen die sechsbeinigen Nachtschwärmer vom rechten Weg ab, schlimmer noch: sie bringen sie in echte Lebensgefahr. Mit ihren hochsensiblen Augen sind sie sogar in der Lage, das schwache Licht der Sterne wahrzunehmen. Um sich nicht zu verfliegen, haben sie diese stets im Blick. Scheint der Mond, so weist ihnen dieser den Weg durch die Dunkelheit. Sie fliegen dabei möglichst immer in einem bestimmten Winkel zu den kosmischen Lichtquellen und können so eine geradlinige Fluglinie einhalten.

Dummerweise kann ein Nachtfalter den Mond nicht von einer brennenden Straßenlaterne unterscheiden, zumal, wenn es sich dabei auch noch um eine Kugelleuchte handelt. Je nach Leuchtkraft strahlen solche Laternen bis zu 700 Meter weit. Sie wirken wie Staubsauger, die die Luft im weiten Umkreis von Insekten leer saugen. Denn auch solch ein Kunstmond will von den nächtlichen Fliegern wie gewohnt immer unter demselben Winkel gesehen werden. Das zwingt die Insekten dazu, die künstliche Lichtquelle zu umkreisen. Denn bei geradem Flug verändert sich der Sehwinkel zur künstlichen Lichtquelle, während er zum Mond gleich bleibt. Wieso die Kreise der getäuschten Insekten um die Lampe immer enger werden, ist bislang ungeklärt. Irgendwann fliegt das Insekt erschöpft gegen die Lampe.

Auf diese Weise verenden alljährlich ungefähr 150 Billionen Insekten allein an deutschen Straßenlaternen. Insektenforscher fordern deshalb immer nachdrücklicher eine Eindämmung der Straßenbeleuchtung, dieser »Lichtverschmutzung« unserer Nächte. In einer Stadt wie Kiel zum Beispiel gab es im Jahre 1948 nur 480 Straßenlampen. 50 Jahre später waren es 20 000. Und keiner weiß, wozu taghelle Nächte gut sein sollen.

Dabei wäre es schon von großem Nutzen, wenn die Städte und Gemeinden statt grellweiß leuchtender Quecksilberdampf-Lampen die gelblich leuchtenden Natriumdampf-Lampen einsetzen würden. Denn von weißem Licht fühlen sich doppelt so viele Nachtinsekten angezogen als von gelbem. Gelbe Lampen verbrauchen auch weniger Strom. Aber auch diese sollten nach oben und seitlich mit einem Schirm abgedeckt sein, damit das Licht nur nach unten auf die Straße strahlt, wo man es ja auch haben will.

Für ein nachtaktives Insekt, das wir alle lieben, ist wiederum gelbes Licht Unheil bringend: für die Glühwürmchen. Sie erzeugen mit ihren Leuchtorganen ja selber gelbes Licht – ihr nächtlicher Lichtflirt mit dem anderen Geschlecht. Wer will schon sein ganzes Liebesverlangen an eine öde Straßenlaterne verschwenden!

Warum lassen sich Fliegen so schwer fangen?

Eine wild gewordene Stubenfliege kann uns mit ihrem nervösen Gesumme gehörig auf die Nerven gehen. Doch bei allen Versuchen, sie mit der Hand zu fangen, scheitern wir kläglich. Die Fliege ist schneller als die menschliche Hand. Zählte man nicht zu jenen Menschen, die keiner Fliege etwas zu Leide tun können, würde man sich glatt eine Fliegenklatsche kaufen, um das Problem auf blutrünstige Weise zu lösen. Dem blitzschnell geführten Schlag mit diesem Mordinstrument entkommt auch die schnellste Fliege nicht.

Doch bei dem Versuch, sie mit der Hand zu fangen, also die Hand nicht als Fliegenklatsche zu verwenden – keine Chance! Erst zum Herbst hin, wenn die Fliegenplagegeister müde werden, hat man hin und wieder Glück beim Fang. Dann hält man genüsslich die Faust mit der Beute darin ans Ohr. Wie angenehm das Summen auf einmal klingt! Unser Sieg ist freilich nur ein halber, und das wissen wir auch. Selbstverständlich wird die so gefangene Fliege tierschützerisch korrekt aus der warmen Stube in die herbstkühle Freiheit entlassen, wo sie ihren langsamen, aber dafür natürlichen Fliegentod sterben darf.

Was wir nicht wissen: Wie schafft es die Fliege, immer schon im Voraus zu wissen, welchen Weg unsere Hand in der Luft nehmen wird? Sie weiß es durch Vorausblick im wahrsten Sinne des Worts. Sie schaut gelassen unserer Hand zu, wie die sich langsam in Bewegung setzt. Der Wischer mit der Hand, der fürs menschliche Auge sehr rasch vor sich geht, erscheint dem Fliegenauge wie im Zeitlupentempo. Das hat mit dem besonderen Aufbau eines Insektenauges zu tun. Fliegen, aber auch andere Insekten wie Bienen, Hummeln oder Schmetterlinge, können ihre Augen nicht unabhängig vom Kopf bewegen. Diesen Nachteil gleicht ihr Auge dadurch aus, dass es sich aus ca. 5000 kleinen Augen wabenartig zusammensetzt. Man spricht von Facetten- oder Komplexaugen. Das wahrgenommene Bild setzt sich mosaikartig aus den Bildpunkten der Einzelaugen zusammen.

Mit diesen Facettenaugen können Insekten zwar nicht so scharf sehen wie wir Menschen, dafür erreichen sie aber eine wesentlich höhere zeitliche Auflösung. Würde sich eine Fliege im Kino einen Film ansehen (»Der Herr der Fliegen«), so würde dieser für sie als langweilige Dia-Show ablaufen. Das hat damit zu tun, dass ein Fliegenauge noch ca. 200 aufeinander folgende Bilder pro Sekunde als einzelne Bewegungsphasen erkennen kann. Beim menschlichen Auge sind es weniger als 24 Bilder pro Sekunde. Für die Fliege bewegt sich also meine Hand wie in Zeitlupe auf sie zu, und das macht es ihr leicht, der Gefahr zu entkommen.

Von Eis und Schnee – und anderen Wässrigkeiten

Warum schwimmt Eis auf dem Wasser?

Wieder so ein Alltagsrätsel, das uns gar nicht als solches erscheint. Eis schwimmt halt. Was soll daran rätselhaft sein? Nun, rätselhaft sollte sein, dass es nicht untergeht. Denn die Physik lehrt, dass sich alle Materie bei Abkühlung verdichtet, während sie sich bei Erwärmung ausdehnt. Das liegt daran, dass die einzelnen Atome oder Moleküle, aus denen ein Stoff besteht, umso mehr Raum für ihre Eigenbewegung beanspruchen, je höher die Temperatur ist. Daraus erklärt sich, wieso ein fester Körper sich beim Erhitzen ausdehnt. Bei Abkühlung ist es umgekehrt. Die Eigenschwingung der Atome nimmt ab, sie geben sich mit weniger Raum zufrieden.

Auch Wasser sollte beim Abkühlen immer dichter und damit schwerer werden. Eis sollte im flüssigen Wasser untergehen. Tut es aber nicht. Eis schwimmt – wider die Naturgesetze, so scheint es – auf dem Wasser. Eine bodenlose Frechheit der Physik gegenüber.

Eis schwimmt in der Art eines Karpfens: Ein bisschen Rücken guckt oben raus, der Rest ist unter Wasser. Um genau zu sein: Von einem Stück Eis, das im Wasser schwimmt, ragt gerade mal ein Zehntel über die Oberfläche, neun Zehntel befinden sich unter Wasser. Das macht Eisberge für Schiffe so gefährlich.

Das uns allseits vertraute Wasser ist damit einer der rätselhaftesten Stoffe im Universum. Wasser ist einzigartig! Es hält sich nicht an die strenge Naturgesetzlichkeit, die besagt, dass bei abnehmender Temperatur die Stoffe ihr Volumen verkleinern und bei zunehmender Temperatur vergrößern.

Aber was ist der Grund für diese Sonderstellung des Wassers unter den Stoffen? Der Grund liegt im Aufbau des Wassermoleküls. Dieser ist freilich so einfach, dass man keine Besonderheit darin vermuten würde: Zwei Wasserstoff-Atome und ein Sauerstoff-Atom bilden ein H_2O-Molekül. Da sollte es doch keine Rätsel geben, denkt man. Nun ist es aber so, dass die chemische Formel H_2O streng genommen nur für das Wasser im Gaszustand gilt, wo sich die einzelnen Moleküle frei im Raum bewegen und mit den anderen weiter nichts zu tun haben, es sei denn, sie stoßen hin und wieder bei ihrem chaotischen Flug aneinander. Kühlt der Wasserdampf jedoch ab, dann nimmt die Heftigkeit der Molekülzusammenstöße ab. Die einzelnen Wassermoleküle prallen nicht mehr voneinander ab, sondern haften immer öfter aneinander. Bei einer gewöhnlichen Flüssigkeit bewegen sich die einzelnen Moleküle vollkommen beliebig gegeneinander wie Kugeln in einem Behälter. Beim flüssigen Wasser ist es anders. Hier lagern sich die Moleküle nach einem festen Schema aneinander. Sie bilden bereits im flüssigen Zustand eine Art »lockeres Gitter«, ein »Flüssigkeitsgitter«, wenn man so will. Das klingt zwar nach einem Widerspruch in sich, aber genau das zeichnet das Wasser aus. Es ist ein widersprüchlicher, um nicht zu sagen: verrückter Stoff.

Der Grund für diese »Verrücktheit« ist die tatsächliche Verrückung der Elektronen innerhalb des Wassermoleküls. Die drei Atome (zwei Wasserstoff- und ein Sauerstoff-Atom) bilden geometrisch ein leicht verzerrtes Tetraeder, also eine Pyramide, die ein Dreieck als Grundfläche hat. Im Zentrum dieses Tetraeders sitzt das Sauerstoff-Atom. Die beiden Wasserstoff-Atome befinden sich an zwei der vier Ecken des Tetraeders. An den beiden anderen Ecken bilden sich Wolken negativer Ladung, hervorgerufen durch die Elektronen. Diese verteilen sich im Wasserstoff-Molekül nicht gleichmäßig, sondern halten sich mit Vorliebe in der Nähe des Sauerstoff-Atoms auf, weshalb sich dort ein leichter Überschuss an negativer Ladung bildet. Dagegen sind die beiden Wasserstoff-Atome leicht positiv geladen, weil dort die negativen Elektronen weniger oft anzutreffen sind. Man sagt, das Wassermolekül ist polar, zeigt also Bereiche entgegengesetzter elektrischer Ladung. Es weist zwei negative und zwei positive Ladungspole auf. Diese gleichen sich jedoch exakt aus, weshalb das Wassermolekül insgesamt elektrisch neutral ist.

Diese Polarität der Wassermoleküle ermöglicht es ihnen, elektrische Bindungen zu anderen Molekülen einzugehen, die in ihre unmittelbare Nähe geraten. Sie entstehen zwischen den leicht positiv geladenen Wasserstoff-Atomen eines Wassermoleküls und dem leicht negativ geladenen Sauerstoff-Atom eines anderen, benachbarten Wassermoleküls. Es bilden sich so genannte Wasserstoffbrücken zwischen einander berührenden Wassermolekülen. Das bedeutet aber, dass sich die Moleküle des flüssigen Wassers nicht lose wie Kugeln durcheinander bewegen. Vielmehr haften sie über diese Wasserstoffbrücken schwach aneinander. Wegen der Tetraederform des Wassermoleküls bildet jedes von ihnen meist vier solcher Wasserstoffbrücken aus. Allerdings werden diese im flüssigen Wasser ständig wieder gelöst und neu geknüpft. Es herrscht dort ein andauernder Wechsel der Bindungspartner. Im Wasserdampf kommt es nicht zu solchen Bindungen, da die Moleküle dafür viel zu wild durcheinander fliegen.

Im Eis nun sind aus diesem Grund die Wassermoleküle gewöhnlich zu einem Gitter mit perfekter Tetraeder-Geometrie angeordnet. Auf dem Weg dorthin, wenn das Wasser immer stärker abkühlt, nimmt die Eigenbewegung der Wassermoleküle stetig ab. Dadurch kann sich die elektrische Kraft der Wasserstoffbrücken zunehmend behaupten. Bei 4 Grad Celsius gewinnt die Gitterbildung durch die Wasserstoffbrücken endgültig die Oberhand. An diesem Punkt ist die Bewegungsenergie der Wassermoleküle zu schwach, um entstandene Wasserstoffbrücken wieder lösen zu können. Das lose »flüssige Gitter« erstarrt zum festen. Die einzelnen Moleküle suchen nun ihren festen Platz in der sich verfestigenden Gitterstruktur, wobei sie allerdings nicht enger und enger zusammenrücken. Im Gegenteil: Beim Aufbau des starren Gitters fangen die Moleküle bei 4 Grad Celsius plötzlich an, in Distanz zueinander zu treten. Die Dichte des sich abkühlenden Wassers nimmt von da an nicht weiter zu, sondern ab. Das Abrücken der Moleküle voneinander hat folgenden Grund: Die Wassermoleküle müssen sich so zu einem starren Eisgitter verschachteln, dass es zu keinen Überlappungen von Molekülen kommt. Oder anders: Die geladenen Pole der Wassermoleküle erlauben solche Überlappungen nicht. Vielmehr muss sich stets der negative Pol des einen Moleküls an den positiven Pol eines andern anlagern, gleichzeitig dulden aber Pole mit gleicher Ladung keine allzu große Nähe, da sich gleiche elektrische Ladungen abstoßen.

Aus diesem Wechselspiel der schwachen elektrischen Kräfte zwischen den Wassermolekülen ergibt sich, dass das gefrierende Wasser eine maximale Zahl von Wasserstoffbrücken nur ausbilden kann, wenn die Moleküle nicht die dichteste Packung aufweisen, wie wir sie etwa von Getränken im Tetraederpack kennen, die sich dicht an dicht in einen Karton packen lassen. Bei der Eisbildung werden hingegen regelrechte Hohlräume zwischen den tetraederförmigen H_2O-Molekülen gebildet. Diese machen etwa 10 Prozent des Gesamtvolumens aus – und deshalb ist Eis um 10 Prozent leichter als flüssiges Wasser und schwimmt.

Wer das alles nicht so ganz verstanden hat, muss sich darüber nicht grämen; er befindet sich in guter Gesellschaft, nämlich der des Autors, aber auch der Wissenschaftler. Denn auch für sie birgt das alltägliche Wasser, man glaubt es kaum, noch jede Menge Rätsel – Alltagsrätsel.

Warum frieren Seen nicht vom Grund her zu?

Wer das vorangegangene Kapitel aufmerksam gelesen hat, wird diese Frage leicht selber beantworten können: weil Eis leichter ist als flüssiges Wasser. Diese Tatsache bewirkt, dass Seen und Flüsse von der Oberfläche und nicht vom Grund her zufrieren. Dadurch schützt die oben schwimmende Eisdecke die tieferen Gewässerschichten vor der Winterkälte der Luft.

Bei einsetzenden kälteren Lufttemperaturen im Herbst ist es tatsächlich so, dass zuerst das Wasser an der Oberfläche immer mehr abkühlt, bis es dort schließlich bei 4 Grad Celsius seine größte Dichte erreicht hat. An diesem Temperaturpunkt sinkt das Oberflächenwasser ab, weil es ja dichter und damit schwerer ist als das übrige Wasser. An seine Stelle tritt wärmeres Wasser aus tieferen Schichten. Eine so genannte Konvektionsströmung (von oben nach unten und von unten nach oben) setzt ein. Dieser Umschichtungsprozess dauert so lange an, bis das ganze Wasser eine annähernd gleiche Temperatur von 4 Grad Celsius hat. Wird es dann in den Wintermonaten frostig kalt, so sinkt die Wassertemperatur an der Oberfläche weiter ab. Jetzt findet allerdings kein Absinken des Oberflächenwassers mehr statt. Denn unterhalb von 4 Grad Celsius dehnt sich das Wasser ja wieder aus und ist damit weniger dicht; es bleibt oben. Eine weitere Absenkung der Wassertemperatur ist damit nur noch an der Oberfläche des Gewässers möglich. Schließlich gefriert dort das Wasser bei 0 Grad Celsius, bis der See oder Fluss vollständig zugefroren ist. Hält der Frost längere Zeit an, so kühlen nach und nach die direkt unter dem Eis liegenden Wasserschichten ab; der dünne Eisfilm wächst sich zur dicken Eisdecke aus. Diese ist jedoch ein guter Isolator für das Tiefenwasser; die Eisdecke verzögert die weitere Auskühlung des Gewässers.

Die meist nur kurzen Frostperioden hier zu Lande reichen nicht aus, einen See oder Teich bis zum Grund zufrieren zu lassen. Nur sehr flache Gewässer bis etwa 70 Zentimeter Tiefe können bis zum Grund zufrieren, wobei die meisten Organismen, etwa Fische oder Frösche, zu Grunde gehen. Die Tatsache, dass Eis leichter ist als flüssiges Wasser, garantiert also, dass Leben in den Gewässern unserer Breiten überhaupt möglich ist.

Zugefrorene Seen haben aber noch einen anderen Nutzen: wir können auf ihnen Schlittschuh laufen, vorausgesetzt, die Eisdecke ist stark genug, um uns zu tragen. Dass dies möglich ist, erstaunt uns nicht weiter. Eis ist halt glatt, sagen wir. Die Glätte erklärt freilich nicht, wieso man auf Eis Schlittschuh laufen kann, selbst wenn es spiegelglatt wäre. Denn dann müsste man auf einer Glasfläche auch Schlittschuh laufen können. Aber das geht nicht. Auch bei noch so glatt polierten Flächen wäre die Reibung zu groß, als dass man auf schmalen Kufen darüber hinweggleiten könnte. Das Gleiche müsste eigentlich auch für eine Eisfläche gelten; der Bremseffekt sollte zu groß, das Schlittern darauf unmöglich sein.

Über dieses Problem haben Generationen von Physikern nachgedacht. Eines war den Wissenschaftlern klar: Die Kufen gleiten nicht auf dem rauen Eis, sondern auf einem hauchdünnen Wasserfilm. Aber wie kommt dieser zu Stande? Lange Zeit dachte man, dass der Druck der Kufen diesen Wasserfilm erzeugt, denn Druck, das wusste man, senkt den Schmelzpunkt. Das heißt: Bei Druck schmilzt das Eis schon unterhalb von 0 Grad Celsius. Das ist der Grund, wieso Steine oder andere Gegenstände, die auf Eisflächen herumliegen, langsam in sie einsinken – und zwar durch ihr eigenes Gewicht. Dennoch vermag das Schmelzen bei Druck die rutschige Oberfläche unter den Schlittschuhkufen nicht zu erklären, denn dafür reicht der Druck der Kufen nicht aus. Auch die Reibungswärme zwischen Kufen und Eis ist zu gering, um den feinen Wasserfilm in Sekundenbruchteilen zu erzeugen.

Erst vor etwa zwanzig Jahren konnte das Rätsel mithilfe hoch empfindlicher Abtastgeräte gelöst werden. Sie zeigten beim Abtasten der Eisoberfläche, dass diese oberhalb von etwa minus 13 Grad Celsius ihre Kristallstruktur verliert und einen Flüssigkeitsfilm bildet, genauer: einen Film von »halb flüssigem« Eis oder »halb festem« Wasser. Diese mikroskopisch dünne Schicht weist noch kristalline Strukturen des darunter liegenden Eises auf, ist aber beweglich wie eine zähe Flüssigkeit oder wie ein Gel. Sie ist also bei Temperaturen des Eises zwischen minus 13 und 0 Grad Celsius immer vorhanden, nimmt freilich zum Schmelzpunkt hin stetig zu. Je kälter es ist, desto dünner wird dieser Flüssigkeitsfilm auf dem Eis; das Eis wird »stumpf«, wie der Eisläufer sagt. Man kann zwar noch leidlich darüber gleiten, aber ein Bremseffekt ist deutlich zu spüren. Bei minus 60 Grad Celsius wird die Eisoberfläche extrem zähflüssig und das Schlittschuhlaufen unmöglich. Aber solche Probleme haben nur die Schlittschuhläufer im tiefsten Sibirien.

Warum sind alle Schneekristalle sechseckig?

Schade, dass man Schneeflocken nicht unter einem gewöhnlichen Mikroskop betrachten kann. Ehe man sie dort platziert hat, sind sie auch schon in der Wärme zerflossen. Es lohnt sich allerdings, während eines Schneefalls mit einer starken Lupe in der Hand ein bisschen Schneekristall-Forschung im Freien zu betreiben, vorausgesetzt natürlich, dass der Winter auch Schnee bringt, was bei uns von Jahr zu Jahr unwahrscheinlicher wird. In der unendlichen Zahl der Schneekristalle wird man keine zwei finden, die vollkommen gleich sind. Jede ist eine einmalige Variante der sechseckigen Grundform, genauer: des sechszackigen Sterns.

Dabei sollte man doch erwarten, dass sich Wassermoleküle immer nach dem gleichen Muster aneinander binden, um ein Kristallgitter aufzubauen. Im Prinzip tun sie das auch, denn jedes Wassermolekül gleicht dem andern. Doch wie sie sich im Raum anordnen, bleibt dem Zufall überlassen – bis auf die Grundstruktur, die hexagonal (sechseckig) ist. Bei der Eisbildung entsteht ein offenes Gitter. Die Wassermoleküle richten sich wegen ihrer beiden elektrischen Ladungspole so aus, dass zwischen den Lagen des Gitters viel freier Raum entsteht. Diese Lagen bilden ein Muster von sechseckiger Struktur. Das Kristallgitter des gefrorenen Wassers kann man sich als weitmaschiges, von Hohlräumen durchsetztes Bienenwabenmuster vorstellen. Diese sechseckige Struktur des Eises bringt es mit sich, dass jedes Wassermolekül von viel leerem Raum umgeben ist. Beim großräumigen Gebilde eines Schneekristalls wird dann diese sechseckige Struktur auch fürs Auge sichtbar.

Jede Schneeflocke entsteht aus dem Zusammenschluss unzähliger Eiskristalle. Welche endgültige Form eine Schneeflocke hat, hängt von den winzigen Temperaturschwankungen in der Wolke während des Flockenwachstums ab. Denn auf ihrem Weg durch die

Wolke durchquert die wachsende Schneeflocke viele unterschiedliche Temperaturschichten. Da niemals zwei Schneeflocken den exakt gleichen Weg nehmen, bevor sie auf der Erde ankommen, formt der ständige Ortswechsel jeden Schneekristall zu einem unverwechselbaren Einzelstück – ein unvorstellbarer Formenreichtum. Je nach Temperatur werden also die vorhandenen Wasserdampf-Moleküle in der Luft unterschiedlich in den wachsenden Kristall eingefügt.

Die größten Schneeflocken bilden sich bei Temperaturen in der Nähe des Gefrierpunkts (0 Grad Celsius). In manchen Regionen der Erde, etwa in den südamerikanischen Anden, sollen schon fußballgroße Schneeflocken gefallen sein. Da macht eine Schneeballschlacht erst richtig Spaß. Bei sehr großer Kälte befindet sich nur wenig Wasserdampf in der Luft, so dass nicht viele Eiskristalle gebildet werden können, die sich dann zu Flocken zusammenschließen. Es fällt eine Art von »Nieselschnee«.

Längst wurde die Bildung von Schneeflocken im Labor nachgestellt, um die Geheimnisse ihres Wachstums zu lüften, was nicht heißt, dass schon alle Schneeflocken-Rätsel gelöst sind. Für zukünftige Schneeflocken-Forscher gibt es noch viel zu tun. Immerhin ist die Schneeflocke schon seit 400 Jahren Gegenstand der Forschung – seit der Astronom Johannes Kepler (1571–1630) sie in seiner Schrift »Vom sechseckigen Schnee« beschrieben hat. Kepler war damals schon ziemlich nahe an der Wahrheit, als er eine »materielle Notwendigkeit« bei der Kristallbildung in Betracht zog, einen in den Tröpfchen des Wasserdampfs verborgenen Widerstand gegen die Kälte. Tatsächlich sind es ja, wie wir bereits wissen, schwache elektrische Bindungskräfte, die die Wassermoleküle sechseckig anordnen.

Aber zurück ins Schneeflocken-Labor: Dort haben die verschiedenen Versuche gezeigt, dass ein Eiskristall zunächst zu einem regelmäßigen Sechseck heranwächst. Hat dieses eine Größe von etwa 0,01 Millimeter erreicht, beginnen an jedem Eckpunkt die Zacken zu sprießen. Winzigste Temperaturänderungen modellieren gewissermaßen die Gestalt des entstehenden Sterns. Die einzelnen Strahlen eines Schneesterns wachsen vollkommen unabhängig voneinander; sie zeigen nur deshalb in etwa die gleiche Form, weil sich alle Teile des Kristalls bei den gleichen Temperaturen entwickeln. Wer aber mit seiner Lupe genau hinschaut, wird immer wieder Schneeflocken finden, deren Seitenarme nicht exakt gleich sind. Das sind die Glücksbringer-Kristalle.

Dass Schneekristalle allesamt sechseckig sind, hat sich trotz vierhundertjähriger Forschung noch nicht überall herumgesprochen, am wenigsten bei den Menschen, die für die Weihnachtsdekorationen in Geschäften und Kaufhäusern zuständig sind. Da sieht man die schönsten Schneeflocken aus Papier, Metallfolie oder Stroh – leider alle falsch, nämlich vier-, fünf- oder gar achteckig. Was dann natürlich auch wieder ganz gut passt zu all den falschen Sternen, falschen Engeln und dem falschen Schnee aus der Sprühdose.

Warum hat Nieselregen etwas mit Honig zu tun?

Nieselregen ist nicht unbedingt dazu geeignet, unsere Aufmerksamkeit auf sich zu ziehen. Während wir bei heftigem Platzregen gern aus dem Fenster schauen und uns bei dem Wunsch ertappen, er möge doch bitte noch heftiger werden, sich zur handfesten Sintflut auswachsen – zumal, wenn man wie ich im flutsicheren 4. Stock wohnt –, erregt Nieselregen nichts dergleichen in uns. Wir nehmen ihn durchs Fenster meist gar nicht wahr, so fein ist er. Erst draußen ärgert man sich, den Regenschirm zu Hause gelassen zu haben. Nieselregen nieselt so aufdringlich in die Lücke zwischen Hals und Mantelkragen hinein. Und Nieselregen reizt zum Niesen. Das machen die unsichtbaren nebelfeinen Wassertröpfchen.

In der Tat bedeutet das Nieseln nichts anderes, als dass man sich im Innern einer Wolke befindet. Die klitzekleinen Tröpfchen, die so leicht sind, dass sie fast in der Luft stehen, sind kleine Wunderwerke der Natur, die nur keiner als solche wahrnimmt, es sei denn, er ist Meteorologe. Denn als solcher fragt man sich, wie Nieselregen überhaupt zu Stande kommt. Dieser feuchte Schleier sollte eigentlich in dem Augenblick, da er entsteht, auch gleich wieder verdunsten. So fordert es zumindest die gängige physikalische Theorie.

Der Lösung dieses Rätsels sind unlängst zwei amerikanische Physiker ein Stück näher gekommen: Nieseltröpfchen wachsen ähnlich wie die Zuckerkristalle im Honig. Im Honig ist es so, dass Zuckerkristalle ständig neue Zuckermoleküle einsammeln, gleichzeitig aber auch wieder welche verlieren – ein Kommen und Gehen also. Nicht anders machen es die winzigen Wassertröpfchen in der Wolke: Sie binden ungefähr so viele Wassermoleküle an sich, wie sie gleichzeitig wieder abstoßen. Erst ab einem kritischen Durchmesser der Tröpfchen – er liegt bei etwa einem fünfzigstel Millimeter – vermag ein Tropfen mehr Wassermoleküle an sich zu binden, als er gleichzeitig verliert. Das heißt, er wächst mehr oder weniger schnell an, bis ihn schließlich die Schwerkraft als normalen Wassertropfen zur Erde zieht. Der Nieseltropfen aber bleibt buchstäblich in der Schwebe. Ob es zu normalem Regen oder zu Nieselregen kommt, hängt von vielen äußeren Bedingungen ab, die in ihren Wechselwirkungen noch längst nicht alle erforscht sind. Woraus wir abschließend folgern: Meteorologe ist ein Beruf mit Zukunft.

Warum besteht der Mensch vor allem aus Wasser?

Im Grunde ist so ein Mensch eine handfeste Sache. Er fühlt sich relativ stabil an, wenngleich beim ein oder anderen Vertreter der Gattung auch Körperbereiche festzustellen sind, die dem Flüssigen näher scheinen als dem Festen. Sie zeichnen sich durch eine starke Tendenz zur Formlosigkeit aus, wie man sie vom festflüssigen Zustand eines alt gewordenen Wackelpuddings kennt.

Der Mensch ist also ein Wesen, das sich zwischen zwei Grundzuständen der Materie befindet: fest und flüssig. Von den gasförmigen Anteilen, die sich zuweilen in seinem Innern bilden und mächtig aus den dafür vorgesehenen Öffnungen entweichen, wollen wir hier lieber nicht sprechen, obwohl man die lautliche und geruchliche Vielfalt menschlicher Abgase durchaus zu den Alltagsrätseln zählen darf.

Einigen wir uns also darauf: Der Mensch ist vor allem ein Gemisch aus Festem und Flüssigem, mit kleinen Gasanteilen versetzt. Das Flüssige überwiegt in Gestalt von Wasser bei weitem: ca. 70 Prozent! In dieser Hinsicht ähnelt der Mensch dem Champignon. Es zeichnet nicht nur den Menschen, sondern alles Leben aus, dass eine enge Beziehung zum Wasser besteht. Ohne Wasser gäbe es kein Leben. Dass auf der Erde Leben existiert – und auf allen übrigen Planeten unseres Sonnensystems nicht –, hat vor allem damit zu tun, dass unser hübscher blauer Planet reichlich Wasser in flüssiger Form besitzt. 70 Prozent seiner Oberfläche sind mit Wasser bedeckt – das ist genau der Anteil des Wassers im menschlichen Organismus. Und auch dieses ist, wie das der Meere, Salzwasser! Tatsächlich ist es aber so, dass die Erde im glutflüssigen Gestein in ihrem Innern noch viel mehr Wasser birgt als in allen Weltmeeren zusammen. Das heißt: Auch Gestein enthält reichlich Wasser. Vielleicht sollte man die Erde überhaupt als einen einzigen großen Organismus betrachten – und die Lebewesen auf ihm (einschließlich des Menschen) wären eine Art von Parasiten.

Das Leben ist vor Milliarden von Jahren im Wasser entstanden und jedes Lebewesen spiegelt diese Tatsache in sich selber wider: Es besteht ebenfalls hauptsächlich aus Wasser. Wenn es in der Bibel heißt, dass wir aus Staub gemacht sind, so stimmt das streng genommen nicht. Wir sind geradezu aus dem Gegenteil von Staub gemacht: aus Wasser eben. Und dennoch hat die Bibel auch wieder Recht: Das feste Gerüst alles Lebendigen liefert das Element Kohlenstoff, also »Staub« im weitesten Sinn.

Auf den biologischen Punkt gebracht: Der Mensch ist ein Staub-Wasser-Gemisch. Aber das gilt für alle Lebensformen, freilich mit unterschiedlichen Mengenverhältnissen. So bestehen zum Beispiel manche Quallen und Algen zu 98 Prozent aus Wasser – lebendiges Wasser, das in Wasser lebt, so könnte man sagen. Das liebe Rindvieh besteht zu 53 Prozent, ein Huhn zu 72 Prozent aus Wasser, Bohnen kommen auf 89 Prozent, während es eine Banane nur auf 14 Prozent bringt, eine Haselnuss gar nur auf 5 Prozent.

Was seinen Wassergehalt betrifft, so steht der Mensch also irgendwo zwischen Huhn und Rindvieh. Während der erwachsene Mensch zu 70 Prozent aus Wasser besteht, bringt es der neugeborene sogar auf 97 Prozent und befindet sich damit in enger Verwandtschaft zu Quallen, Gurken und Wassermelonen. Der Mensch kommt, so könnte man sagen, im Zustand einer Salatgurke zur Welt. Neun Monate lebten wir in Mutters Bauch als Wasserwesen. Wohl deshalb stehen die Wörter »Mutter« und »Meer« auch in so enger Verwandtschaft zueinander; im Französischen sind sie fast gleich (la mer = das Meer, la mère = die Mutter). Vor allem Kinder zieht es unwiderstehlich ans Wasser. Sie wollen halt zu jenem Urelement zurück, in dem unsere Existenz als wässriges Bläschen begonnen hat.

Im menschlichen Organismus ist der Wasseranteil je nach Organ verschieden. Das Blut, das unseren Körper durchströmt, besteht zu 80 Prozent aus Wasser, Muskeln zu 70 Prozent, und auch das Gehirn ist eine ziemlich wässrige Sache (75 Prozent). Selbst die harten Knochen tragen noch 20 Prozent Wasser in sich.

Wasser ist also das Lebenselement schlechthin. Seine besonderen chemischen Eigenschaften (vergleiche die beiden vorangegangenen Kapitel!) haben für diese Sonderstellung unter allen Stoffen des Universums gesorgt. Sollte es auf anderen fernen Planeten Lebensformen geben, dann nur, wenn es dort auch reichlich Wasser im flüssigen Zustand gibt.

Wasser kann sehr viel Wärmeenergie aufnehmen, ohne dass seine Temperatur gleich sprunghaft in die Höhe schnellt; es ist ein guter Wärmespeicher. Das ist für die Zellen, aus denen sich Organismen aufbauen, sehr wichtig. Denn in den Zellen finden chemische Reaktionen statt, bei denen Wärme entsteht. Der reiche Wassergehalt der Zelle verhindert einen spürbaren Temperaturanstieg. Verdunstendes Wasser trägt sehr viel Wärmeenergie mit sich fort, eben weil es so viel Wärme aufnehmen kann. Das ist wichtig bei der Oberflächenkühlung durch Verdunstung, die auf der Haut stattfindet. 1 Gramm Wasser beseitigt beim Verdunsten mehr als 500 Kalorien (oder 2 Kilojoule) an Wärmeenergie. Das ist die Energie, die 1 Gramm Wasser um 1 Grad Celsius erwärmt.

Die große Oberflächenspannung des Wassers, die durch seinen elektrischen Dipol hervorgerufen wird, ist von entscheidender Bedeutung bei der Bildung von Fett- und Eiweißschichten in den Oberflächenhäutchen (Membranen) der Zellen.

Für viele Stoffe, die im Stoffwechsel der Lebewesen eine wichtige Rolle spielen, ist Wasser das ideale Lösungsmittel. Zusammen mit den zahlreich in ihm gelösten Stoffen bildet Wasser den Zellsaft, der dem Zellkörper erst die innere Spannung verleiht. Im Blut ist es das Wasser, das die Nährstoffe zu den Zellen der Organe und die Stoffwechselschlacken von ihnen wegtransportiert und über Nieren, Darm, Haut und Lunge ausscheidet. Wasser wirkt also im Organismus als Lösungs-, Transport- und Reinigungsmittel in einem; es ist der elementare Träger all unserer körperlichen und geistigen Funktionen.

In den Zellen werden die Nährstoffe aus der Nahrung mithilfe des eingeatmeten Sauerstoffs verbrannt. So wird die Energie erzeugt, die den Organismus am Leben erhält. Als Produkte dieser Verbrennung in den Zellen entstehen – wie in einem Ofen auch – Kohlendioxid und Wasser. Die Luft, die wir ausatmen, ist also stark mit Wasser angereichert. Das wird an kalten Wintertagen deutlich in den Atemwolken vor unseren Mündern: Die Wassermoleküle kondensieren in der Kälte zu feinen Tröpfchen. Dann tragen wir den Stoff des Lebens als weiße Fähnchen vor uns her, als Lebenszeichen im wahrsten Sinne des Worts.

Warum soll man an heißen Tagen Warmes trinken?

Warum trinkt der Mensch? (Gemeint ist Wasser, nicht Alkohol!) Weil er durstig ist. Warum ist er durstig? Weil ihm sein Körper mit dem Durstgefühl signalisiert, dass zur Aufrechterhaltung des Wasser- und Mineralstoff-Haushalts Flüssigkeit aufgenommen werden muss. Sonst droht die Austrocknung. Durst ist ein Alarmsignal: Wasserverluste, zum Beispiel durch Schwitzen oder Durchfall hervorgerufen, müssen ausgeglichen werden.

Die »Schaltzentrale«, die den Durst-Alarm auslöst, sitzt im Gehirn, genauer: im Zwischenhirn, und zwar in jenem Bereich, der Hypothalamus genannt wird. Dieser ist auch zuständig für die Körpertemperatur; er regelt den Schlaf- und Wachrhythmus, ebenso das Hunger- und Sattheitsgefühl und anderes mehr.

Der tägliche Wasserbedarf des Menschen beträgt etwa zwei Liter, den er direkt in Form von Getränken oder aber mit der aufgenommenen Nahrung decken kann. Was wir gewöhnlich als Durst bezeichnen, ist eigentlich nur der erste zaghafte Probelauf der Alarmanlage, vergleichbar mit dem Appetitgefühl, das mit wirklichem Hunger längst nichts zu tun hat. Schwerer Durst mit Wasserverlusten von 5 bis 12 Prozent des Körpergewichts erzeugt ein quälendes, schier unerträgliches Trinkbedürfnis. Augen, Nase, Mund und Rachen scheinen vor Hitze zu verglühen; schließlich tritt Durstfieber auf. Nach einem Wasserverlust von 15 bis 20 Prozent des ursprünglichen Körpergewichts verschlimmert sich der Fieberzustand rapide: Bewusstlosigkeit tritt ein und schließlich der Tod.

Unter dem Gesichtspunkt des echten, lebensbedrohlichen Dursts ist es natürlich vollkommen nebensächlich, ob ein Verdurstender Heißes oder Kaltes trinkt. Unser harmloser alltäglicher Durst an heißen Sommertagen ist einfach dadurch zu löschen, dass man Flüssigkeit zu sich nimmt, wobei die Temperatur des Getränks völlig unerheblich ist. Denn die Hauptfunktion des Trinkens ist der Ausgleich des Flüssigkeitsverlusts und nicht die Kühlung. Die Vorstellung, dass man seinen erhitzten Körper durch Trinken einer kalten Flüssigkeit abkühlen könne, ist ein Trugschluss. Rein physikalisch ist es so, dass ein ganzer Liter kaltes Wasser für den Körper nur eine kurzzeitige Abkühlung von einem halben Grad Celsius bewirkt – und das auf Kosten des Magens, den die eiskalten Getränke, zumal wenn sie schnell und in großen Mengen aufgenommen werden, in einen Schockzustand versetzen. Das kann massive Beschwerden zur Folge haben.

Die Kühlung des erhitzten Körpers findet ohnehin nicht innerlich, sondern auf der Hautoberfläche statt; ihn mit Kaltem voll zu schütten, ist also vollkommen sinnlos. Genauso unsinnig ist es, Abkühlung durch kaltes Duschen zu suchen. Vielmehr sollte man sich im Sommer ungeniert auf die Seite der Warmduscher schlagen. Denn das Kaltduschen bewirkt, dass sich die Blutgefäße – vor allem in den Armen und Beinen – zusammenziehen. Dadurch wird der Körper die in ihm angestaute Wärme erst recht nicht los. Man schwitzt nach der Kaltdusche noch mehr als zuvor. Kalt duschen ist, so absurd es sich anhört, für die kalte Jahreszeit zu empfehlen.

Das beste Mittel zur Körperkühlung ist das Schwitzen – und dafür sorgt der Körper ganz ohne unser Zutun. Um diese »Verdunstungs-Kühlmaschine« der Haut anzuregen, ist die aus heißen Ländern bekannte Gewohnheit, warme Getränke zu sich zu nehmen, ein durchaus sinnvolles Mittel. Wohlgemerkt: warme, nicht heiße Getränke! Wichtig dabei ist, dass man nicht hastig viel trinkt, sondern in stetigen kleinen Schlucken. Durch das warme Getränk erhalten die Temperaturfühler im Körperinnern ein zusätzliches Wärmesignal. Dieses bewirkt ein ständiges leichtes Schwitzen, was allemal besser ist als plötzliche sturzbachartige Schweißausbrüche. In heißen Ländern ist es auch üblich, die Speisen stark zu würzen und zu salzen. Durch die Kochsalzaufnahme wird der osmotische

Druck des Blutes, also der Überdruck gegenüber den Gewebezellen, erhöht. Das wiederum bewirkt, dass die Speichel- und Mundschleimhautdrüsen ihre Absonderungen verringern. Mund und Rachen trocknen aus – Durst ist die Folge. Und also trinkt der Mensch.

Von Bäumen und Menschen – und anderen Lebewesen

Warum verfärbt sich im Herbst das Laub der Bäume?

Ungern nehmen wir Abschied vom Sommer, seiner Wärme und Heiterkeit – falls es kein verregneter Sommer war. Als wollte der Herbst uns diesen Abschied erleichtern, schenkt er uns Farben in der Natur, wie keine andere Jahreszeit sie zu Stande bringt. Die Laubbäume, aber auch viele Büsche und Sträucher, werden zu Farbenkünstlern; sie malen mit reicher Palette von Gelb-, Orange-, Braun- und Rottönen bis hin zum tiefen Purpur. Mit den Herbststürmen vergeht die bunte Pracht, die Blätter fallen ab. Es beginnt der graue Monat November.

Zweifellos ist die Laubverfärbung im Herbst eine der schönsten Erscheinungen, die unsere Laub- und Mischwälder zu bieten haben. Der genaue Beobachter, der von erhöhter Warte auf einen herbstlichen Laubwald blickt, wird feststellen, dass sein Inneres einfarbig gelb, sein Rand aber bunt ist. Die besondere Buntheit an den Waldrändern rührt von Heckensträuchern her, deren welkende Blätter sich vor allem leuchtend rot verfärben: Traubenkirsche, Hartriegel, Pfaffenhütchen und andere. Im Innern eines Laubwaldes herrschen die verschiedenen Nuancen von Gelb vor: das Braungelb der Buche, das Hellgelb der Birke, das Goldgelb des Ahorns.

Würde man die Verfärbungen des Laubs über längere Zeit beobachten, so könnte man beim Ahorn feststellen, dass das grüne Blatt zuerst von innen her gelb wird. Wenn das ganze Blattgrün verschwunden ist, setzt die Vertrocknung ein und mit ihr die Braunfärbung. Diese wiederum verläuft von den Blatträndern nach innen. In dieser Phase sind die Ahornblätter am schönsten: Sie zeigen helles bis sattes Gelb, Orange, leuchtendes Rot und Braun, ja sogar einen Hauch von Violett, während die Blattadern von einem allerletzten Grün gesäumt sind.

Doch nicht bei allen Baumarten vergilben die Blätter von innen nach außen; bei der Rosskastanie zum Beispiel ist es umgekehrt. Allerdings verläuft die endgültige Vertrocknung stets von außen nach innen. Denn mit der Vertrocknung vom Rand her sichert sich der Baum die Möglichkeit, die im Blatt noch vorhandenen Nährstoffe durch das Adernetz einzuziehen und als Wintervorrat zu speichern. Würde die Vertrocknung von innen nach außen erfolgen, dann würde die Hauptachse zuerst eintrocknen und der Rücktransport der Blattsäfte wäre unterbrochen.

Die Gelbfärbung der Blätter kommt von der Zersetzung des Blattgrüns (Chlorophyll). Während die wertvollen Stoffe in den Stamm zurückgezogen werden, bleibt eine gelbliche, zerflossene Masse in den Blattzellen zurück. Die Chemiker bezeichnen diesen gelben Farbstoff als Xantophyll.

Für die Rotfärbung bei vielen Blättern ist ein anderer, nämlich blauer Farbstoff verantwortlich, das so genannte Anthozyan; es ist der gleiche Farbstoff, der auch im Blaukraut vorhanden ist. Wenn man aus Blaukraut Salat zubereitet und dabei etwas Essig, also eine Säure, zugibt, so verfärbt sich das Blaukraut rot. Blaukraut bleibt nicht Blaukraut, sondern wird Rotkraut. Dafür bleibt aber das Rotkraut Rotkraut, nicht anders als ein Brautkleid, das auch ein Brautkleid bleibt und nicht plötzlich zum Blaukraut wird – nicht mal in Ulm und um Ulm und um Ulm herum. Im Herbst tritt nun dieser blaue Farbstoff auch in den Zellen der Blätter auf. Je nachdem, ob diese Blätter mehr oder weniger Säure enthalten, bewirkt er eine stärkere oder schwächere Rotfärbung. So behalten, je nach Baumart, die Blätter ihr ursprüngliches Gelb, andere färben sich orange, hellrot, dunkelrot oder sogar violett. Die Art der Färbung hängt von der Menge an Säure und Anthozyan ab, die die Blattzellen produzieren.

Wenn wir eingangs sagten, dass die welken Blätter sich schließlich in den Herbststürmen von den Zweigen lösen, so ist das eigentlich nicht richtig. Sie würden auch ohne Zutun des Winds zu Boden fallen. Im Gegensatz zum grünen Blatt, das so fest am Zweig sitzt, dass selbst der heftigste Gewittersturm es kaum vom Baum reißen kann, sitzt das welke Blatt nur noch ganz lose. Das heißt: Der Baum selbst wirft es ab, indem er am Grund des Blattstiels eine frische Zellschicht, die so genannte Trennungsschicht, ausbildet. Dadurch wird das alte Gewebe des Blattstiels nach und nach gelockert. Wind beschleunigt nur den Blattabfall. Besonders stark ist er auch nach ersten Nachtfrösten. Man hat mal gezählt, wie viele Blätter ein Baum an solch einem Herbsttag durchschnittlich verliert. Bei einem großen Exemplar des Bergahorns waren es 10 Blätter pro Sekunde, bei einer Rosskastanie hingegen nur 3. Das sind beim Bergahorn ca. 35 000 Blätter pro Stunde. Jetzt wüssten wir gern, wie viele Blätter ein großer Ahornbaum insgesamt hat. Aber das habe ich leider nicht herausfinden können. So wird uns nichts anderes übrig bleiben, als im nächsten Herbst selber mal nachzuzählen.

Die entstehende Wunde an der Stelle, wo das Blatt am Stiel saß, wird durch eine Korkschicht rasch geschlossen. Die Entlaubung verläuft nicht bei allen Bäumen gleichförmig. Manche beginnen mit dem Abwurf in der Spitze der Baumkrone, andere fangen unten an, wieder andere zeigen überhaupt keine Regelmäßigkeit. Bestimmte Baumarten behalten einen Teil ihres Laubs bis weit in den November hinein. Eichen tragen ihr dürres Laub sogar den ganzen Winter hindurch. Erst der aufsteigende Saftstrom im Frühling bewirkt die Entlaubung. So kann man im Mai an Eichen beobachten, wie sie altes und frisches Laub nebeneinander tragen. So gemahnt uns die Eiche mitten im Wonnemonat an die Vergänglichkeit dessen, was da so frisch und ungestüm aus den Zweigen bricht.

Warum bluten manche Bäume im Frühjahr?

Wer's noch nicht beobachtet hat, sollte zu Beginn des nächsten Frühlings einmal darauf achten: Bäume, die bluten. Man wird dieses Schauspiel freilich nur nach strengen Wintern erleben. Von »Blut« zu sprechen ist natürlich eine Übertreibung; schließlich sind Bäume keine Tiere oder Menschen. Andererseits: Das Wort »Blut« meint ursprünglich nichts anderes als »Fließendes« und passt somit auch auf Pflanzensäfte.

Steht man vor so einem Baum und sieht, wie aus tiefen Rissen in seiner Rinde unablässig Saft strömt, so fängt man unwillkürlich an, für das Lebewesen, auch wenn's nur eine Pflanze ist, Mitleid zu empfinden. Der Baum blutet, auch wenn das Blut nicht rot ist, sondern wie Wasser am Stamm herabläuft. Am liebsten würde man ihm einen Verband anlegen.

Die tiefen Risse in der Baumrinde sind während des Winters durch strengen Frost entstanden. Von allen Baumarten neigen besonders Birke und Ahorn zu solchen Wunden. Das Blut ist nichts anderes als der Lebenssaft des Baums, den dieser im Frühjahr in großen Mengen von den Wurzeln in die Baumkrone transportiert, damit dort das Laubwerk mit den Blüten – und später den Früchten – ausgebildet werden kann. Diesen Flüssigkeitstransport leisten die jüngsten, sehr weichen Holzschichten, die sich direkt unter der Rinde befinden.

Je weiter unten am Stamm die Risse entstanden sind, desto stärker fließt aus ihnen der Saft. Am Fuß des Stamms ist der Boden davon ganz aufgeweicht. Es lohnt sich, den Birken- oder Ahornsaft zu kosten; er schmeckt süß, enthält also reichlich Zucker. Aus dem Saft lässt sich deshalb durch Vergärung »Wein« herstellen. Alkoholische Gärung ist nichts anderes als eine vor allem durch Hefepilze verursachte Umwandlung von Zucker in Alkohol, wobei Kohlendioxid

(CO_2) entsteht. Manchmal findet diese Gärung ganz von selbst an den Birken- oder Ahornstämmen statt. Solche natürlichen »Zuckerwasser- und Weinschänken« werden gern von den verschiedensten Insektenarten aufgesucht, etwa Nachtfaltern, Käfern, Bienen und Fliegen, darunter die Blumenfliege, deren Maden im Saft leben.

Je weiter es in den Frühling hinein geht, umso schwächer wird das Bluten der Bäume. Denn mit der Zeit schließen sich, wie bei Tieren und Menschen auch, die Wunden.

Warum duften Nadelbäume so gut?

Im Gegensatz zu Laubbäumen, die bei Verletzung nur Baumsaft absondern, setzt bei Nadelbäumen eine reichliche Abgabe von Harz ein. Unter »Harz« versteht der Chemiker organische, nicht kristalline Fließstoffe von meist gelblich-brauner Farbe. Harz ist beim Austritt aus dem Holz oder den Nadeln zähflüssig, wird aber an der Luft schnell fest und glasig spröde. Das Harz wird von besonderen Drüsenzellen erzeugt und in Harzkanäle abgesondert, die das Holz und die Nadeln durchziehen. Es bildet bei Verletzung des Baums einen idealen Wundverschluss. Das Harz ist auch verantwortlich für den charakteristischen Tannenduft. Dieser rührt von den im Harz enthaltenen ätherischen Ölen her, genauer: jenen leicht flüchtigen Bestandteilen, die der Chemiker als Mono-Terpene bezeichnet. Sie entweichen aus den Harzgängen der Nadeln und Rinden und erfüllen an Weihnachten unsere Wohnzimmer, sobald Adventskränze und Christbäume darin Platz gefunden haben.

Es gibt verschiedene Arten von Mono-Terpenen, etwa das Pinen oder das Limonen. Letzteres wird, wie der Name verrät, auch von der Zitrone abgegeben, weshalb der Tannenduft dem Duft der Zitrone ähnlich ist. Tatsächlich aber besteht der Duft, der den Nadelgehölzen entströmt, aus einer Mixtur von bis zu hundert verschiedenen Stoffen, wobei allerdings die Mono-Terpene die bestimmenden sind. Forstbotaniker haben herausgefunden, dass jeder Nadelbaum nicht nur von seiner Gestalt her unverwechselbar ist, sondern auch, was seinen Geruch betrifft. Jede Tanne, Fichte oder Kiefer hat ihren ganz »persönlichen« Geruch. Es soll Försternasen geben, die einzelne Nadelbäume im Revier am Geruch erkennen können.

Als feine, von einem Tannenbaum verströmte Duftnote wird der Geruch wohl von den meisten Menschen als angenehm empfunden. Doch hoch dosiert aus der Spraydose bewirkt er leicht Übelkeit. Aber das ist ja mit allen Wohlgerüchen so: zu viel davon, und sie wandeln sich zum Gestank.

Warum drehen Sonnenblumen ihre Blütenköpfe zur Sonne?

Helios heißt der griechische Sonnengott. Von ihm hat die Sonnenblume ihren wissenschaftlichen Namen: Helianthus. Früher nannte man diese majestätische, aus Südamerika stammende Pflanze auch Sonnenkrone, wie in einem alten Botanikwerk zu lesen ist: »Sonnenkron wird auch genennt grosz indianisch Sonnenblum, dieweil sich die Blume nach der Sonnen wendet.«

Aber stimmt das überhaupt? Um das herauszufinden, müsste man sich einfach nur vor eine Sonnenblume setzen und sie über ein paar Stunden beobachten. Damit aber niemand unnütz seine Zeit verschwendet, sei hier das Ergebnis einer solchen Beobachtung gleich mitgeteilt: Sonnenblumen schauen immer stur in eine östliche Richtung, also dorthin, wo die Sonne morgens erscheint. Das gilt zumindest für ausgewachsene Pflanzen; diese folgen also mit ihrem Blütenkorb nicht dem Sonnenlauf. Wie sollten sie dazu auch in der Lage sein? Schließlich haben Pflanzen keine Muskeln und Sehnen, um »Körperbewegungen« ausführen zu können.

Und dennoch ist an der Geschichte vom Sonnenblumen-Wendehals auch etwas Wahres dran: Die Blütenköpfe drehen sich mit der Sonne, solange die Pflanze wächst. Während der Wachstumsphase sind die Blütenkörbe aber noch geschlossen. Diese folgen tagsüber tatsächlich dem Lauf der Sonne und kehren nachts in die Ausgangsstellung zurück, die immer grob nach Osten zeigt. Verursacht wird die Drehung durch ein uneinheitliches Stängelwachstum: Der Stängel wächst auf der sonnenabgewandten Seite stärker, was den Blütenkorb in Drehung versetzt. Noch verblüffender ist freilich, dass es den Blumen nachts gelingt, ihren Kopf wieder zurückzudrehen. Dafür fehlt den Forschern noch die Erklärung. Durch diese Drehung gelingt es den Pflanzen, während ihrer Wachstumsphase 10 bis 15 Prozent mehr Sonnenlicht einzufangen.

Warum sind Blumen bunt?

In der belebten Natur gibt es nichts, was nicht irgendeinem Zweck dienen würde. Keine Eigenschaft eines Organismus ist nur um ihrer selbst willen entstanden. Die Formenvielfalt in der Natur mag uns als pure Verschwendung erscheinen – sie ist aber das genaue Gegenteil: Sicherung des Lebens als Ganzem. Was diesem Zweck nicht dient, findet vor der Evolution auf Dauer keine Gnade und wird ausgemustert.

Im Grunde zielt alles Leben darauf ab, sich fortzupflanzen. Der Sinn des Lebens besteht darin, neues Leben zu erzeugen. Jeder von uns ist deshalb über eine endlos lange Lebenskette mit der Urzelle verbunden, die vor 4 Milliarden Jahren auf rätselhafte Weise im Urozean entstanden ist.

Damit ist eigentlich schon die Frage dieses Kapitels beantwortet: Blumen sind bunt, nicht weil sie den Menschen in der freien Natur, im Garten oder in der Vase erfreuen wollen, sondern weil ihre Buntheit dem Fortbestand der Art dient. Dennoch ist der Mensch, weil er sich für die Krone der Schöpfung hält, geneigt, die Farbenpracht der Blütenpflanzen ganz auf sich zu beziehen, was in gewisser Weise auch berechtigt ist; denn die Vielfalt der Farbtöne umfasst alle Farben des für den Menschen sichtbaren Lichtspektrums. Die Blume blüht fürs menschliche Auge, aber viel mehr noch für das der Insekten. Denn die Farben dienen als Verständigungssignale, die die Blütenpflanzen für ihre Bestäuber aussenden: »Hallo, hallo, liebe Bienen, Schmetterlinge und Käfer, hier gibt's was zu futtern!« Blüten sind optische Werbetrommeln. Freilich gibt es auch viele Pflanzenarten, etwa Gräser oder bestimmte Baumarten, die auf solche farbenprächtigen Aushängeschilder verzichten. Sie lassen sich vom Wind bestäuben.

Nun haben aber nicht alle Blumen die gleiche Farbe, sondern die einen sind weiß, die andern gelb, blau, violett oder rot, viele sind auch mehrfarbig. Aus den Farbunterschieden kann man schließen, dass die Blütenpflanzen ihre Farbe (oder Farben) auf die besondere Lichtwahrnehmung ihrer Hauptbestäuber ausgerichtet haben. Woher die Pflanzen wissen, auf welche Farbe welche Insektenart besonders anspricht, erscheint uns rätselhaft. Doch diese Beziehungen zwischen Pflanzen und Insekten (oder Vögeln) haben sich im Lauf von Jahrmillionen der Evolution langsam und mehr oder weniger zufällig entwickelt. Zum Beispiel haben es manche Arten unter den Orchideen sogar geschafft, ihre Blüten so zu gestalten, dass sie in geradezu verblüffender Weise Insektenkörpern ähneln. Anfängliche oberflächliche Ähnlichkeiten zwischen Blüte und Insekt wurden im Zuge der natürlichen Artenauslese perfektioniert. Durch dieses raffinierte Täuschungsmanöver sichert sich die Orchidee ihre Arterhaltung. Während die meisten Blumen nur mit Duft und Farbe locken, locken manche Orchideenarten auch noch mit der Blütenform.

Eine besonders raffinierte Art unter unseren heimischen Orchideen ist die Fliegen-Ragwurz. Sie versteht es, männliche Hautflügler aus der Familie der Grabwespen listig zu täuschen. Die Blüte gleicht einer weiblichen Grabwespe, ja, sie fühlt sich dank ihrer pelzigen Oberfläche auch so an. Das Gesamtbild der Blüte erweckt den Eindruck, als würde ein bräunliches Insekt gerade mit seinem Kopf in eine grüne Blüte eintauchen. Tatsächlich aber ist das »braune Insekt« nur ein Teil der Blüte. Allerdings verlässt sich die Fliegen-Ragwurz nicht allein auf die Blütenform, um die passenden Bestäuber anzulocken. Der Blütenduft ist dabei von noch größerer Bedeutung. Doch auch hier leistet diese Pflanze Erstaunliches: Der Geruch, den die Fliegen-Ragwurz verströmt, ist ein so genanntes Pheromon, und zwar nicht irgendeines, sondern es entspricht exakt dem Sexualduftstoff weiblicher Grabwespen. Mit Geruch, Form, Oberflächenstruktur und Farbe verführt die Pflanze Grabwespen-Männchen, die die Blüte tatsächlich zu begatten versuchen und sie dabei bestäuben. Von der Blüte selbst hat das Insekt nichts, denn sie bietet keine Nahrung in Form von Nektar.

Egal, welche Farbe eine Blüte hat – im weitläufigen Reich der Insekten finden sich stets genügend Arten, die auf die eine mehr als auf die andere ansprechen. Die meisten Insektenarten sind auf keine bestimmte Blütenfarbe fixiert, sondern sprechen den unterschiedlichsten Blüten zu. Ob der Nektar aus einer gelben oder blauen Blüte stammt, ist ja letztlich auch egal.

Für die Farben der Blüten sind Farbstoffe (Pigmente) verantwortlich, etwa für Blau, Rot und Violett so genannte Anthocyane (von griechisch anthos = Blüte und kyanos = blau), die auch in fast allen Obst- und Gemüsesorten vorkommen, wobei es zahllose verschiedene Arten von Anthocyanen gibt. Gelbe und orange Farbtöne erzeugen die Pflanzen vor allem durch so genannte Carotinoide oder Flavone. Bei weißen Blüten bedarf es keines Farbstoffs; das Weiß entsteht durch luftgefüllte Hohlräume zwischen den Zellen der Blütenblätter, die eine vollständige Reflektion (Rückstrahlung) aller einfallenden Lichtwellen bewirken. Viele weiße Blüten besitzen jedoch ultraviolette Farbanteile, die für das menschliche Auge unsichtbar sind. Diese UV-Strahlung können aber viele Insektenarten wahrnehmen; sie spielt eine wichtige Rolle bei der Nahrungssuche und bei der Orientierung im Gelände. Das gilt besonders für Hummeln und Bienen. Dafür können sie keine rote Farbe wahrnehmen; sie erscheint ihnen als tiefgrau.

Durch Kombination verschiedener Pigmente sind die Pflanzen in der Lage, eine Vielzahl feinster Farbnuancen herzustellen. Mit dieser Fähigkeit spielt der Mensch seit Jahrhunderten, indem er Blumen mit außergewöhnlichem Farbenspiel züchtet. Dies bestärkt seine heimliche Überzeugung, dass der wahre Sinn der Blütenpracht darin besteht, den Menschen zu erfreuen. Und vielleicht ist es ja auch so: »Die Blume zielt auf den Menschen. Darum blüht nur dem Menschen die Blume«, hat der Schriftsteller Rudolf Borchardt gemeint. Er war ein leidenschaftlicher Gärtner.

Warum wird der Schnecke das Haus nicht zu eng?

Schneck, Schneck, komm heraus, sonst kratz ich dir die Augen aus!« Mit diesem Spruch versuchten wir als Kinder, unsere magischen Fähigkeiten unter Beweis zu stellen. Meistens funktionierte es: Die soeben vom Boden aufgehobene Schnecke, die sich erschreckt in ihr Haus zurückgezogen hat, lugt spätestens nach dreimaligem Aussprechen der Zauberformel wieder daraus hervor. Man kann in diesem Spiel auch den kindlichen Versuch sehen, sich als Tierdompteur zu beweisen – zugegeben, nicht gerade eine atemberaubende Dressur. Schließlich kommt aus einem Schneckenhaus, wie das Sprichwort weiß, kein Löwe raus. Auch kein Rennpferd! Dennoch veranstalteten wir Schneckenrennen, bei denen sich der Besitzer der Siegerschnecke ein paar Pfennige verdienen konnte.

Gern wurden diese Tiere mit Haus von uns Kindern zu Haustieren gemacht: Wir sperrten sie in Einmachgläser, versorgten sie mit Futter und warteten, bis sich Nachwuchs einstellte. Das war auch meistens der Fall. Es hatte etwas Bezauberndes, die winzig kleinen Schneckenbabys zu betrachten und festzustellen, dass jedes mit einem fertigen, glasig-durchsichtigen Haus zur Welt gekommen war.

Schnecken sind also von Geburt an Hausbesitzer. Das Schneckenhaus ist Teil des Schneckenkörpers und wächst mit diesem mit – womit die Frage, um die es hier geht, eigentlich schon beantwortet ist: Der Schnecke wird das Haus nicht zu eng, weil es mitwächst. So wie uns Menschen die Haut nicht zu eng wird, weil auch sie mitwächst. Das Schneckenhaus kann man mit gutem Grund als Schale bezeichnen, vergleichbar mit der Schale einer Muschel. Tatsächlich gehören ja Schnecken und Muscheln einem gemeinsamen Tierstamm an, jenem der Weichtiere (wissenschaftlich: Mollusken). Weichtiere haben kein Skelett, oder anders gesagt: Sie tragen ihr

Skelett als Schale außen. Es gibt aber auch Arten, die so genannten Nacktschnecken, bei denen die Schale zurückgebildet ist oder ganz fehlt.

Das Schneckenhaus, wie auch die Schale einer Muschel, ist ein lebloser Körperteil, vergleichbar mit den Haaren oder Nägeln des Menschen, den Federn, Hufen oder Krallen von Wirbeltieren. Der Weichkörper einer Schnecke unterteilt sich in den Kopf mit den langen Fühlern, an deren Enden die Augen sitzen, den Fuß, mit dem die Schnecke kriecht, und den Eingeweidesack, der meist spiralig gewunden und mit einer Hautfalte, dem so genannten Mantel, bedeckt ist. Dieser Mantel scheidet das Gehäuse ab. Baustoffe für das Haus sind organische Substanzen, die dem Chitin der Insekten ähnlich sind, mit darin eingelagerter breiiger Kalksubstanz. Diese verleiht dem Schneckenhaus, indem sie aushärtet, die nötige Festigkeit. Die chitinähnliche Masse bildet nur die Schalenoberhaut mit der für jede Schneckenart typischen Färbung und Musterung. Wegen des spiraligen Eingeweidesacks bekommt das Haus ebenfalls eine spiralige Form. Die Schnecke ist also fest mit ihrem Haus verwachsen; man kann sie nicht daraus hervorziehen. Die Schnecke lebt in einem Haus, das Teil von ihr selbst ist.

Der Weichkörper der Schnecke ist mit einem Muskel an der spindelartigen Achse des Spiralgehäuses festgewachsen. Dieser Muskel ermöglicht es dem Tier, seinen Weichkörper ganz ins Haus zurückzuziehen. Ohnehin kann die Schnecke nur mit Kopf und Kriechfuß aus ihrem Haus hervortreten; der Eingeweidesack mit den lebenswichtigen Organen bleibt immer in der schützenden Schale verborgen. Entsprechend dem Wachstum des Schneckenkörpers wird also stets auch das Gehäuse mit vergrößert, und zwar durch Anlagerung der Schalensubstanz an der Gehäusemündung; diese wird von Drüsen des Mantelwulsts abgesondert. Das Schneckenhaus wächst nicht ununterbrochen, sondern phasenweise. Diese Phasen sind in der Gehäuse-Oberfläche als feine Rillen abzulesen.

Im Gegensatz zum Menschen, der bei regnerischem Wetter lieber im Haus verweilt, zieht sich die Schnecke gerade während sonniger Trockenperioden ganz ins Gehäuse zurück und verschließt den Eingang mit einem krustigen Schleimhäutchen, um sich so vor einem lebensbedrohenden Wasserverlust zu schützen. Ist die Tür verschlossen, hilft auch keine Schneck-Schneck-Zauberformel. Sie bleibt zu bis zum nächsten Regen.

Warum sehen Katzen alles grau?

Bei Nacht sind alle Katzen grau, so sagt der Volksmund und meint damit, dass die Nacht die Unterschiede verwischt, etwa die zwischen Arm und Reich, Alt und Jung, schön und hässlich. Die Nacht deckt Schäden und Blößen zu. So dient der Spruch auch gern als Entschuldigung bei Missgriffen des Lebens oder wird zum Zweck der Häme eingesetzt: zum Beispiel, wenn einer eine reiche, aber hässliche Frau geheiratet hat. Für den umgekehrten Fall gilt das Gleiche.

Aber um nächtliche Farbenlehre soll es hier nicht gehen, auch nicht darum, dass nachts alle Katzen grau *aussehen*, sondern dass sie alles grau *sehen*. Das haben Wissenschaftler herausgefunden. Aber auch diese Erkenntnis gilt nicht nur für Katzen, sondern wohl für alle Säugetiere, die nachts aktiv sind. Bei ihnen hat sich das Auge auf nächtliches Sehen spezialisiert. Da es nachts aber ohnehin keine Farben gibt, hat die Evolution bei nachtaktiven Tieren die Farbsichtigkeit gleich ganz aufgegeben, sodass Katzen auch bei Tage, wenn die Welt schön bunt ist, alles nur grau sehen. Aber da schlafen sie ohnehin die meiste Zeit – und haben vermutlich graue Träume, von Mäusen, versteht sich, und die sind ja auch bei Tage grau.

Wie bei allen Wirbeltieren, so basiert das Sehen auch bei den Katzen auf zwei Sehzelltypen in der Netzhaut (Retina) des Auges. Diese geben die entsprechenden Erregungen durch die einfallenden Lichtreize über den Sehnerv an das Gehirn weiter. Die beiden Arten von Sehzellen sind die farbempfindlichen Zapfen und die hell-dunkel-empfindlichen Stäbchen. Die Stäbchen sind etwa 10 000-mal lichtempfindlicher als die Zapfen. Während im menschlichen Auge die Zapfen überwiegen, von denen es drei Typen für die Farbeindrücke Rot, Grün und Blau gibt, kommen im Katzenauge praktisch nur Stäbchen vor. Deren Lichtausbeute wird noch durch eine Reflektorschicht (Tapetum) hinter der Retina erhöht; sie ist für das

Leuchten der Katzenaugen in der Dunkelheit verantwortlich, wenn Licht, etwa aus einem Autoscheinwerfer, auf sie fällt.

Über volles Dreifarben-Sehen (trichromatisches Sehen) verfügen neben dem Menschen nur noch die Halbaffen und Affen der Alten Welt. Viele der anderen Säugetierarten sind nur eingeschränkt farbsichtig oder völlig farbenblind – so auch die Katzen. Doch wo der Mensch längst nur noch hilflos im Dunkeln tappt und ihm seine Zapfen in der Retina gar nichts nützen, sieht die Katze noch immer alles haarscharf – in Grau.

Neuerdings haben Forscher die reine Grausichtigkeit der Katzen wieder in Frage gestellt. Nach einer Verhaltensstudie des Zoologischen Instituts der Universität Mainz, die an 2000 Katzen durchgeführt wurde, gibt es Hinweise, dass diese Nachtschwärmer doch auch gewisse Farbunterschiede wahrnehmen können. Sie machen halt auch viel bei Tage, zum Beispiel bunte Vögel jagen.

Warum sind Tiere die besseren Menschen?

Gerade in Zeiten des Krieges – und leider ist immer irgendwo Krieg auf der Welt – fragt man sich, warum die Tiere den Krieg nicht kennen. Nach den unvernünftigen Maßstäben der menschlichen Vernunft hätten auch sie Gründe genug, übereinander herzufallen.

Wie definiert man überhaupt Krieg? Bei solchen Fragen hilft meist ein Lexikon weiter: »Krieg (althochdeutsch ›Hartnäckigkeit‹), organisierter, mit Waffengewalt ausgetragener Machtkonflikt zwischen Staaten oder zwischen Bevölkerungsgruppen innerhalb eines Staates (Bürgerkrieg) zur gewaltsamen Durchsetzung politischer, wirtschaftlicher, ideologischer oder militärischer Interessen.« Diese kurze, etwas holprige Erklärung macht sofort deutlich, wieso Tiere – mit wenigen Ausnahmen, etwa den uns nahe stehenden Schimpansen oder den Ameisen und Termiten – keine Kriege führen: weil sie keine politischen, wirtschaftlichen, ideologischen oder militärischen Interessen haben. Das heißt nicht, dass Tiere überhaupt keine Interessen hätten; sie brauchen Nahrung, verlangen nach einem Sexualpartner, sorgen sich um den Schutz ihres Nachwuchses, sind um einen sicheren Platz im Gruppenverband bemüht, sofern sie keine Einzelgänger sind, und beanspruchen ihr eigenes Territorium, sofern sie keine Herdentiere sind. Gründe genug für Streit. Aber keine Gründe für Krieg.

In diesem Punkt – und in vielen anderen – fällt der Mensch weit hinter das Tier zurück. Zur Ehrenrettung des Menschen muss freilich gesagt werden, dass nur wenige Kriege von der Mehrheit der daran beteiligten Bevölkerungen befürwortet wurden. Die Völker sind meist klüger als ihre Regierungen oder Despoten.

Auch im Tierreich findet man Formen des Zusammenlebens, die man als demokratisch oder diktatorisch bezeichnen könnte. In

Gruppen lebende Arten zeigen dabei erstaunliche Fähigkeiten bei der Anwendung des demokratischen Mehrheitsprinzips. Freilich gibt es auch solche, in denen das Leittier diktatorisch das Sagen hat. Zoologen wollen herausgefunden haben, dass die demokratische Staatsform auch unter Tieren die meisten Vorteile für die Gemeinschaft bietet. Bei den Rothirschen zum Beispiel konnte man beobachten, dass eine Herde nach einer Verdauungs-Siesta erst dann weiterzieht, wenn sich mehr als 60 Prozent der erwachsenen Tiere vom Boden erhoben haben. Gorillas bevorzugen die Zweidrittel-Mehrheit. In einem Schwarm von Singschwänen wird der demokratische Wählerwille durch Recken des Halses und Auf- und Abbewegen des Kopfes kundgetan. Sobald die Mehrheit der Tiere mehr als 26 Kopfbewegungen pro Minute macht, hat die Unruhe im Schwarm einen kritischen Punkt erreicht, und kurz darauf erhebt er sich in die Luft. Weibliche afrikanische Elefanten kommen durch Austausch tiefer Grunzlaute zu einer Mehrheitsentscheidung darüber, was als Nächstes zu tun ist. Wie die Tiere das Wahlergebnis auswerten, weiß man bislang nicht; gezählt wird mit Sicherheit nicht, zumindest nicht auf mathematischer Grundlage. Wahrscheinlich spüren sie irgendwie, wann die Mehrheit erreicht ist und es bedarf auch keinerlei Diskussion in Form von Gezänk oder Drohgebärden.

Die weit verbreitete Vorstellung, dass bei Tieren die »Regierungsbildung« vor allem durch Prügelei und Beißen geschieht, ist also falsch. Solches Verhalten findet man eigentlich nur bei Auseinandersetzungen ums Revier oder bei männlichen Rivalenkämpfen um die Gunst eines Weibchens.

Die Natur scheint der demokratischen Staatsform in Tiergesellschaften den Vorrang vor der despotischen Herrschaft eines Leittiers zu geben, im Gegensatz zu den Menschen, von denen die meisten in Diktaturen leben müssen. Die Demokratie kommt bei den Tieren wesentlich häufiger vor und eine wirkliche Zwangsherrschaft scheint es im Tierreich nirgendwo zu geben. Denn selbst das despotische Leittier muss letztlich das Wohl der ganzen

Gruppe im Auge haben. Dennoch ist unbestritten, dass von einer Diktatur immer der Diktator (das Leittier) am meisten profitiert. Von einem besonders erfahrenen Leittier hat freilich jeder in der Gruppe was.

Bei den Kaffernbüffeln gibt es eine Mischform der Herrschaft; man könnte sie demokratische Frauenherrschaft nennen. In der Herde sind nur die erwachsenen Weibchen stimmberechtigt, wenn es gilt, Entscheidungen zu treffen. Wahrscheinlich wäre das auch für menschliche Gesellschaften von Vorteil, da Frauen viel weniger zur Gewalttätigkeit neigen als Männer. Die Büffeldamen herrschen kraft ihrer Blicke: Weichen diese mehrheitlich um nur wenige Grade von der Richtung ab, in die die Herde gerade läuft, wird der Kurs entsprechend geändert.

Wenn wir eingangs sagten, dass es im Tierreich keine Kriege gibt, so stimmt das nicht ganz. Bei den Ameisen gibt es Arten, etwa unter den Wanderameisen, die sich auf echte Raubzüge begeben, um die Nester anderer Staaten bildender Insekten zu überfallen. Zu diesem Zweck gibt es in ihren Reihen besonders große Tiere, die die Biologen als Soldaten bezeichnen, mit riesenhaften Säbelkiefern, die sie als wirkungsvolle Waffe einsetzen.

Besonders nachdenklich stimmt die Tatsache, dass sich unsere nächsten Verwandten, die Schimpansen, zuweilen kriegerisch zeigen. Das alte Bild von den friedlichen Urwaldbewohnern, die sich hauptsächlich von Früchten ernähren, wurde bereits in den Siebzigerjahren zerstört. 1974 berichtete die Schimpansen-Forscherin Jane Goodall von gewaltsamen Auseinandersetzungen zwischen benachbarten Schimpansengruppen, die in engen Verwandtschaftsbeziehungen zueinander standen. Beide Gruppen führten einen gnadenlosen Krieg, bei dem auch Gegenstände als Waffen eingesetzt wurden. Er ging erst zu Ende, als die schwächere Gruppe vollständig ausgerottet war. Daraus lässt sich womöglich der Schluss ziehen, dass Krieg und Völkermord durchaus biologische Wurzeln haben könnten. Das ist freilich keine Rechtfertigung für den Krieg als natürliches Mittel der Konfliktlösung. Im Gegenteil: Das Tierreich zeigt, dass die demokratische Willensbildung den Vorrang hat vor Despotie und Diktatur. Der Mensch kann also von den Tieren noch viel lernen – und von den Pflanzen allemal. Die ziehen schon deshalb nicht in den Krieg, weil sie nicht laufen können.

Warum gibt es in Vogelschwärmen kein Durcheinander?

Manchmal gewährt einem die Natur auch inmitten der Großstadt einen Einblick ins Wunderbare und Rätselhafte, zumal wenn man das Glück hat, im vierten Stock – oder noch weiter oben – zu wohnen. Dort ist man nicht nur fern dem Getöse der Stadt, sondern jenen Wesen näher, die in der Luft zu Hause sind. Gemeint sind nicht die Engel und Geister, sondern die Vögel, die freilich in antiker Zeit die Symboltiere für Geist und Seele waren.

Fast jedes Jahr im Herbst, jeweils über Wochen hinweg, oft bis in den November hinein, bietet sich von unseren Fenstern aus das Schauspiel kreisender Starenschwärme. Die Tiere sammeln sich zum Flug in den Süden. Dieses Sammeln muss das reinste Freudenfest für sie sein – ein Wolkentanz ohne Ende! Ach, wäre man nur ein Star, denkt man bei sich. Alle Stare, denen die Stadt übers Jahr ein Zuhause bot, scheinen das Bedürfnis zu haben, ihr mit diesem reizenden Spektakel ein Adieu und Dankeschön zu sagen. Das tun sie so ausgiebig, dass man fürchten muss, sie könnten ihre ganze Kraft für die weite Reise schon vergeudet haben, ehe sie beginnt.

Zum großen Hauptschwarm, der eines Tages wie aus dem Nichts da ist, stoßen Tag für Tag kleinere Haufen hinzu, auch einzelne Tiere, die wie verspätete Reisende auf himmlischem Bahnsteig schnell noch den Anschluss suchen. Immer wieder lösen sich auch Vögel vom großen Hauptschwarm, um ihre eigenen Kreise und Schleifen zu ziehen. Doch am Ende eilen sie wieder dem mächtigen Schwarmkörper zu, um mit ihm zu verschmelzen.

In der Tat kommt einem der ganze Vogelschwarm wie ein abgeschlossener Organismus vor, gesteuert von einem rätselhaften Über- oder Unterbewusstsein. Nicht nur, dass alle Tiere im selben Augenblick die Bewegung des Schwarmkörpers mitmachen – mag sie noch so plötzlich und heftig sein –, sondern es kommt im Verschmelzen zweier Schwarmteile zu keinen Zusammenstößen zwischen einzelnen Tieren. Jeder Vogel scheint in jedem Augenblick genau zu wissen – oder zu spüren –, was jeder andere tut, mehr noch: was der Schwarm als Ganzer vorhat.

Fragt man einen Biologen, wie dieses faszinierende Schauspiel zu erklären sei, so wird er als Antwort nur ein Achselzucken geben. Die Wissenschaft weiß nicht, wie Vogel- oder Fischschwärme »funktionieren«. Wir wissen nicht, wie sich Tierschwärme steuern, wie das einzelne Tier sein Verhalten mit dem Verhalten aller anderen im Schwarm abstimmt. Der Naturforscher Edmund Selous hat mehr als dreißig Jahre lang Vogelschwärme studiert und kam schließlich zu der Einsicht, dass ihr Verhalten keine normale, auf die Sinnesorgane bezogene Erklärung zulässt: »Wie, so frage ich, will man diese Dinge erklären, ohne eine Art Gedankenübertragung anzunehmen, die so schnell sein muss, dass sie praktisch auf ein gleichzeitiges gemeinsames Denken hinausläuft?«

Natürlich haben inzwischen einige Forscher das Naheliegende getan: Sie haben Vogelschwärme anhand von Zeitlupenaufnahmen untersucht. Dabei zeigte sich, dass die Bewegungen der Vögel nicht vollkommen zeitgleich sind. Wird ein Vogelschwarm von einer plötzlichen Bewegung erfasst, so geht diese fast immer von einem einzelnen Tier aus, manchmal auch von zwei oder drei Tieren. Dieser Ursprung der Bewegung kann sich überall im Schwarm befinden, nicht nur an der Spitze. Vom Ausgangspunkt breitet sich die Bewegung wellenartig über alle anderen Tiere aus, und zwar sehr schnell: von einem Tier zum nächsten in 15 Tausendstelsekunden. Diese extrem kurze Reaktionszeit erstaunte die Forscher deshalb, weil man im Labor die Reaktionszeit einzelner Vögel auf plötzliche Lichtblitze gemessen hatte und dabei feststellte, dass sie nicht unter 38 Tausendstelsekunden lag, also mehr als doppelt so lang war. Daher sah man sich die Zeitlupenaufnahmen nochmals genauer an und kam zu dem Ergebnis, dass nicht alle Vögel des Schwarms gleich schnell reagierten. Die unmittelbaren Nachbarn jenes Vogels, von dem die plötzliche Bewegung ausging, reagierten noch relativ langsam, nämlich erst nach 67 Tausendstelsekunden. Erst im Ausbreiten der Bewegungswelle wurde die Reaktionszeit immer kürzer. Die Erklärung hierfür war nahe liegend: Die entfernteren Tiere hatten Zeit, sich auf die herannahende Bewegungswelle einzustellen.

Eine schöne Erklärung – nur leider unbefriedigend. Die Vögel reagieren nämlich auch dann blitzschnell auf eine Bewegungswelle, wenn diese direkt von hinten kommt, also nicht im Blickfeld der Tiere liegt. Denn man kann nicht davon ausgehen, dass jeder Vogel ständig ein Rundum-Gesichtsfeld hat. Und noch etwas muss bedacht werden: Die Vögel im Schwarm reagieren nicht nur mit einem simplen Schreckreflex wie beim Lichtblitz im Labor, sondern sie verändern ihre Flugbewegung in feinster Abstimmung auf die Gesamtbewegung des Schwarms. Es kommt zu keinen Zusammenstößen, auch wenn die Tiere noch so dicht gedrängt fliegen. Es geht also nicht nur darum, die herannahende Bewegungswelle wahrzunehmen, sondern jeder Vogel weiß haargenau, oder besser: federgenau, wie er sich zu bewegen hat. Im Augenblick, da der Vogel die Bewegungswelle wahrnimmt, »weiß« er exakt die Richtung, den Radius, die Geschwindigkeit und die Dauer der Kehre, die der »Superorganismus« Vogelschwarm ausführen wird.

Aber wie kann er das wissen? Hierzu hat der englische Biochemiker Rupert Sheldrake eine interessante Theorie entwickelt: Man solle, so meint er, »den Vögeln die vielen blitzschnellen Einzelberechnungen, die zum präzisen Reagieren erforderlich wären«, ersparen. Sheldrake geht davon aus, dass die Tiere den Flug des Schwarms »als Gestalt wahrnehmen und jede Manöverwelle als Ganzheit ausführen, in die jedes einzelne Tier von Anfang an eingebunden ist«. Demnach besäße der Schwarm eine Art von Schwarmbewusstsein, an dem jedes einzelne Tier teilhat, weil es von jedem mit getragen wird. Das Schwarmverhalten, so vermutet der Forscher, werde von einem uns noch unbekannten Kraftfeld organisiert, ähnlich wie elektromagnetische Felder für die Erscheinungen der Elektrizität und des Magnetismus verantwortlich sind oder Gravitationsfelder für die Anziehungskraft zwischen Massen.

Mit der Annahme eines noch unbekannten Kraftfelds, das die Bewegungen der einzelnen Schwarmtiere aufeinander abstimmt, ist freilich noch nicht viel gewonnen – eine interessante Idee, mehr nicht. Aber von interessanten Ideen lebt die Wissenschaft.

Warum hat der Mensch kein Fell?

Vergleicht man den Menschen rein äußerlich mit den anderen Primaten, also den Halbaffen, Affen und Menschenaffen, so fällt als Erstes auf, dass er als einziger Vertreter dieser Säugetierfamilie kein Fell hat. Das ist bedauerlich, denn so ein Fell ist eine kuschelige, vor allem auch praktische Sache. Ein Haarkleid ist eine geniale Erfindung der Natur – die Bekleidung schlechthin. Man muss sie nicht ständig wechseln, sie wird nicht fadenscheinig, man muss nicht ins Kaufhaus, um neue zu kaufen. Zudem bräuchte man als Fellträger keine Kleiderschränke und hätte endlich genug Platz für Bücherregale. Jeder ginge in seinem einzigen und einmaligen Fell zur Arbeit oder in die Schule und der ständige Stress mit dem passenden »Outfit« hätte sich auch erledigt. Die Kenntnis des Menschen lässt freilich vermuten, dass er Mittel und Wege fände, sein Fell modisch »aufzupeppen«, es zu färben und vom Friseur, der dann ein Ganzkörper-Friseur wäre, »stylen« zu lassen; dazu kämen alle möglichen Fell-Accessoires.

Was bezweckte die Natur eigentlich damit, den Menschen im Lauf seiner Entwicklung des Fells zu berauben und ihn zu nötigen, sich mit umgehängten Tierfellen vor Kälte und Nässe zu schützen? Die Wissenschaftler vermuten, dass unsere Ahnen ihr Haarkleid verloren, als sie begannen, die offene Savannenlandschaft Afrikas zu besiedeln. Dort drohte wegen der großen Hitze die Gefahr eines Hitzschlags. Ohne Fell konnte der Frühmensch seine Körpertemperatur besser regulieren, nicht zuletzt, weil in der weiteren Entwicklung hin zum Homo sapiens die Zahl der Schweißdrüsen stark zunahm. Damit der Schweiß schnell verdunsten konnte, um seine kühlende Wirkung richtig zu entfalten, musste die Körperbehaarung zurückgehen.

Zuweilen trifft man in Schwimmbädern oder an Badestränden auf männliche Vertreter von Homo sapiens, deren Körper noch beachtliche Reste eines urzeitlichen Fells aufweisen. Wie bei den Menschenaffen, so sprießt auch bei ihnen das Haarkleid am stärksten an Schultern und Armen, während etwa der Bauch nur schwach behaart ist. Die meisten Menschen aber sind nackt wie Grottenolme, oder genauer: Abgesehen von Scham- und Kopfbehaarung ist unsere Haut nur von einem weichen Flaum bedeckt. Die größte zusammenhängende Fläche von Restfell tragen wir auf dem Kopf – die Glatzköpfigen ausgenommen. Die Kopfbehaarung macht etwa ein Viertel unserer gesamten Körperbehaarung aus. Dieses Restfell auf dem Kopf ist als eine Art schützende Wetterhaube übrig geblieben.

Nacktheit, so vermuten die Forscher, hat aber für den Menschen noch einen weiteren Vorteil gegenüber dem Fell: Sie erleichtert die Abwehr von Parasiten. Im Fell können sich Läuse, Flöhe, Zecken besonders gut verstecken, womit sich aber das Risiko erhöht, mit Krankheiten infiziert zu werden. Sie zu entfernen ist zudem ein mühsames Geschäft, während befallene Kleidung davon relativ leicht zu reinigen ist. Was die Forscher jedoch übersehen haben: dass der Mensch trotz Nacktheit immer noch von allen möglichen Parasiten heimgesucht wird, vor allem im Restfell. Dennoch, Fellpflege kostet Zeit, wie man an einer Affenfamilie im Zoo sehr gut beobachten kann. Homo sapiens aber zeichnet sich gegenüber den Tieren dadurch aus, dass er keine Zeit hat; er muss ja arbeiten und den Prozess der Zivilisation vorantreiben. Dummerweise hat er trotz Nacktheit immer noch keine Zeit, was zum Teil auch daran liegt, dass er sehr viel Zeit für die Körper- und Kleidungspflege aufwendet. Tägliches »Lausen« würde wahrscheinlich auch nicht mehr Zeit in Anspruch nehmen.

Die Frage, wann der Frühmensch sein Fell verloren hat, wird von Wissenschaftlern unterschiedlich beantwortet. Die Vorfahren von Homo sapiens, so meinen die einen, seien bereits vor 1,2 Millionen Jahren zum nackten Affen geworden. Andere vertreten die Ansicht, dass der Fellverlust erst vor 500 000 Jahren eingetreten ist, zu einer Zeit, da der Mensch gelernt hat, durch Feuer und Behausung stets für angenehme Temperaturen zu sorgen. Das machte ein Fell nach und nach überflüssig. An Kleidung dachte Homo sapiens da noch lange nicht. Erst vor etwa 70 000 Jahren begann er, sich mit Tierfellen zu behängen. Woher man das weiß? Aus den Gendaten der Kleiderlaus. Weil diese ohne Mensch, genauer: ohne den bekleideten Menschen, nicht leben kann, muss sie sich aus der ursprünglicheren Kopflaus entwickelt haben. Von der Kopflaus spaltete sich die Kleiderlaus ab, aber erst, als der Mensch begann, Kleidung zu tragen. Durch Vergleich der Unterschiede im Erbgut zwischen Kopf-, Kleider- und Schimpansenlaus konnten die Forscher den Zeitpunkt der Artentrennung bestimmen: vor 70 000 Jahren. Das war auch die Zeit, in der Homo sapiens – mit Läusen auf dem Kopf – von Afrika in nördlicher Richtung aufbrach, um die Welt zu besiedeln. Dort aber war es kälter – es herrschte die letzte Eiszeit bis vor 10 000 Jahren – und Kleidung wurde überlebenswichtig.

Insgeheim scheint der Mensch noch heute dem Haarkleid seiner Urahnen nachzutrauern. Wie wäre es sonst zu erklären, dass er noch immer große Lust verspürt – das gilt vor allem für den weiblichen Teil der Spezies –, sich mit Tierfellen zu behängen? Gott selbst, so erzählt die Bibel, »machte Adam und seinem Weibe Röcke von Fellen und kleidete sie«. Gleich darauf warf er die beiden hochkant aus dem wohlig warmen Paradies. Besser, er hätte ihnen ein Fell wachsen lassen. Vielleicht wäre dann auch der Respekt der Menschen vor den Tieren größer.

Von Gedanken und Gefühlen – und anderen Hirngespinsten

Warum langweilt sich der Mensch?

Der Mensch langweilt sich von dem Moment an, da er nichts zu tun hat, was nicht heißen soll, dass es nicht unzählige Tätigkeiten gibt, die selbst wieder langweilig sind. Wahre Lebenskunst bestünde also darin, nichts zu tun, ohne sich zu langweilen. In den Philosophien des Ostens führt der Weg zur Erleuchtung tatsächlich über das Nichtstun, oder besser: das »Nicht-tun« oder »Ohne-tun«.

Nichts ist schwieriger, als nichts zu tun, weshalb der Weg zur Erleuchtung ein langer und anstrengender ist. Der Mensch, zumindest der christlich erzogene, will beständig tätig sein. Untätig kommt er sich vor, als wäre er gar nicht am Leben. Schließlich hat ihm Gott nach dem Sündenfall gewissermaßen als Strafe die Arbeit auferlegt. Im Lauf der Zeit ist dem Menschen die Strafe zum Sinn geworden. Man fragt sich, wie Adam und Eva es im Paradies überhaupt ausgehalten haben. Wer weiß, ob beide nicht insgeheim froh waren, aus dem Paradies vertrieben worden zu sein. Gibt es etwas Langweiligeres, als in einem Garten zu leben, in dem es einem an nichts fehlt, in dem man nichts zu tun und in dem man keine Wünsche hat? Das Paradies als ein einziges wunschloses Unglück.

Vielleicht ist das Paradies der Ursprungsort der Langeweile, und womöglich liegt hierin auch der Grund, wieso manche von uns das religöse Versprechen auf ein Leben im Paradies nach dem Tod so wenig zu begeistern vermag. Wir vermuten, dass wir uns dort zu Tode langweilen würden.

Aber was ist an der Langeweile eigentlich so schlimm? Jeder kennt dieses ekelhafte Gefühl, doch die Langeweile zu beschreiben, fällt ziemlich schwer. Im Wörterbuch wird dieser Seelenzustand folgendermaßen definiert: »Ein unangenehmes Gefühl, aufgrund des Bedürfnisses nach mehr Aktivität oder aufgrund des Mangels an Reizen oder als Folge der Unfähigkeit, stimuliert zu werden.« Kurzum: Langeweile ist ein ziemlich blödes Gefühl. Gelangweilt spüren wir, wie die Zeit, die in erfüllten Augenblicken ganz auf unserer Seite ist, sich nun grausam gegen uns wendet. Sie zieht sich wie ein alter, geschmackloser Kaugummi. Die Zeit selbst scheint zu verklumpen, Blasen zu werfen. Wir fühlen uns in der Langeweile auf der Stelle treten, im Kreis waten wie auf sumpfigem Untergrund. Die Langeweile ist ein dumpfes und stumpfes Gefühl. Auf einmal ist es nicht mehr die Zeit, die vergeht – wir vergehen, die Zeit bleibt. Wir kommen uns so klein und nichtig vor in der Langeweile, ganz verloren in diesem riesigen Universum, das an uns und unserem Zustand keinen Anteil nimmt. So sickert die Langeweile wie geronnene Zeit aus dem Grund des Herzens, ergießt sich als zäher, fauliger Gefühlsbrei in die Brust. Dort spüren wir eine Beklemmung – als drohte das Herz stillzustehen, als drohte überhaupt der absolute Stillstand des Lebens. Zum Klebrigen und Zähen der Langeweile kommt noch ihr fader, bitterer Geschmack hinzu; sie schmeckt wie ein schales, abgestandenes Getränk. Wir begreifen, dass die Momente von Glück, die wir ja auch kennen, nicht von Dauer sind. In der Langeweile tröstet uns nichts mehr darüber hinweg, dass dem Leben alles Begeisternde verloren gegangen ist.

Nun haben wir lange über die Langeweile philosophiert und dabei noch immer nicht die Frage beantwortet, wieso sich der Mensch zu langweilen beginnt, sobald er nichts zu tun hat. Könnte es nicht sein, dass er sich selber langweilig findet? Sagt uns die Langeweile nicht unmissverständlich, dass wir furchtbare Langweiler sind? Und vielleicht macht uns gerade das so mürrisch gegenüber diesem Gefühl. Die Langeweile hat etwas von einem nach innen gerichteten Zorn darüber, mit sich selber nichts anfangen zu können, in sich selber derart phantasielos herumzulungern. So wird insbesondere der verregnete, arbeitsfreie Sonntag zum Inbegriff des von Langeweile vergifteten Tags.

Aber reicht das aus, um die Langeweile dermaßen zu hassen? Wohl kaum. Da steckt mehr dahinter, so ist zu vermuten. Die Psychologen bestätigen uns in dieser Vermutung. Die Langeweile, so sagen sie, weist auf den Tod hin, und das ist es, was sie so quälend macht.

Die Wahrheit der Langeweile ist der Tod. Sich zu Tode zu langweilen, wie man zu sagen pflegt, bedeutet ja nichts anderes, als dass die Langeweile auf den Tod wartet. Hier berührt sie die Verzweiflung, in die sie nicht selten mündet. Den zu Tode Gelangweilten bedrängt das Nichts so sehr, dass ihm übel davon wird. So nennt man die Langeweile auch den Ekel der Seele. In der Langeweile wird das Leben zum quälenden »Vortod«. Somit erscheint das Arbeiten und Tätigsein des Menschen, seine Rastlosigkeit als ein Anarbeiten gegen den Tod und gegen die Leere in ihm selbst.

Man hat die Langeweile auch mit dem Verlust Gottes in der modernen Welt in Verbindung gebracht: die Langeweile als Leere, die der verloren gegangene Gott im Menschen hinterlassen hat. Es heißt, dass der Mensch der Antike und des Mittelalters die Langeweile nicht gekannt habe. Demnach wäre der Glaube an Gott oder die Götter das beste Mittel gegen die Langeweile. Mag sein.

Aber was macht man, wenn einem der Weg zu Gott aus irgendwelchen Gründen versperrt ist? Nun, dann heißt es, sich der Langeweile zu stellen, sie auszuhalten und sich auf sie einzulassen. Vielleicht, dass sich dann ja etwas ändert, dass sich am Ende sogar ein Sinn der Langeweile offenbart. Dann wäre sie nur eine Art Durchgangsgefühl zu einem neuen Empfinden und neuen Interessen.

So habe ich selbst mir angewöhnt, bei ersten Anflügen von Langeweile nach elementaren Anblicken Ausschau zu halten. Hierzu gehört die Betrachtung eines flackernden Feuers, und sei es nur das einer Kerzenflamme, der Anblick von wirbelnden Schneeflocken, was freilich bei sommerlicher Langeweile nicht infrage kommt, das Wellenspiel auf einem See, besser noch am Meeresstrand, das Ziehen der Wolken, das Spiel des Windes in hohem Gras oder in einem Kornfeld, der Tanz eines sturmbewegten Baums. Wer sich in solchen Naturerscheinungen zu verlieren vermag, besiegt das Gespenst der Langeweile mit dessen eigenen Waffen; er flieht nicht vor ihm durch öde Geschäftigkeit und Amüsement. Man muss wissen, dass das Wort »amüsieren« nichts anderes meint, als sich die Muße auszutreiben.

Stellen wir uns also mutig ins Zentrum unserer Langeweile. Dann wird aus ihr eine lange Weile, von der wir uns vielleicht sogar wünschen, dass sie für immer verweilen möge – und das fade »Was nun?« uns niemals mehr belästige.

Warum dauert die Gegenwart ungefähr 3 Sekunden?

Es gibt ein schönes Gedicht von dem expressionistischen Dichter Gustav Sack (1885–1916), betitelt »Die Zeit«. Darin heißt es: »Noch kommt mit der Unsterblichkeit gepaart / die Zukunft ewig strömend zu dir her / und schafft auf ihrem unbewegten Meer / in dir den Wellenschaum der Gegenwart; / sie prallt in unergründlich schneller Fahrt aufgischtend an an deiner Seele Wehr / und bricht durch dich in einem Sturze, der / schon als Vergangenheit sich offenbart.«

Ja, das ist so eine Sache mit der Gegenwart. Wir leben in ihr, aber eigentlich gibt es sie gar nicht. Die Gegenwart ist keine Zeitstrecke, sondern ein Zeitpunkt, eben das Jetzt. Im Grunde hat die Zeit nur zwei Teile: die unendliche Vergangenheit (sie lebt verblassend und unwirklich nur in unserer Erinnerung) und die unendliche Zukunft (sie lebt nur in unserer Phantasie). Wir werden mit allem, was ist, aus der Vergangenheit in die Zukunft getrieben, ohne jemals Gegenwart zu haben, in der wir ausruhen könnten.

Die leibhaftige Gegenwart, also der greifbare Teil der Zeit, ist in dem Moment, da wir zugreifen wollen, auch schon Teil der Vergangenheit. Der Augenblick ist immer nur die soeben erlebte und dabei auch schon verflossene Zeit. Wenn wir von der Gegenwart sprechen, meinen wir stets eine verflossene Zeit, also auch wieder nur die Vergangenheit. Gegenwart ist frische Vergangenheit, mehr nicht.

Es scheint, als wäre die Gegenwart gar kein Teil der Zeit. Wenn wir aber in der Gegenwart leben, leben wir in gewisser Weise außerhalb der Zeit. Vielleicht ist Leben nur eine Illusion. So sehen es zumindest die östlichen Philosophen: Die Welt ist ein Trugbild; erst dahinter, jenseits der täuschenden Zeit, liegt die Wahrheit. Die Zeit fließt wie ein Strom aus der gestaltlosen Zukunft heraus an der sinnlichen Gegenwart vorbei in den geistigen Behälter unseres Gedächtnisses.

Die Gegenwart ist also ein unvorstellbarer Grenzbegriff. Und dennoch leben wir in ihr und sind gezwungen, uns eine Vorstellung von ihr zu machen. Wir können sie uns gar nicht anders vorstellen, als dass wir uns Stückchen von Vergangenheit mit vorstellen. Die physikalische, mit Uhren zu messende Zeit ist nicht die Zeit in unserem Kopf. Unsere Nervenzellen feuern mit einer Frequenz von ca. 40 Hertz, also mit 40 Schwingungen pro Sekunde. Das heißt, dass die Eindrücke der Wirklichkeit innerhalb dieses Zeitintervalls erfasst werden. Die Verarbeitung von Information geschieht im 40-Hertz-Rhythmus. Bezogen auf den Arbeitsrhythmus des menschlichen Gehirns ist ein Augenblick etwa eine Vierzigstelsekunde lang. Für eine Cäsium-Atomuhr, wie sie die Physikalisch-Technische Bundesanstalt in Braunschweig betreibt, dauert im Vergleich dazu ein Augenblick nur 108 Picosekunden (Billionstelsekunden). Das ist die Zeit, die ein Cäsium-Atom in einem angeregten Energiezustand verharrt, ehe es in seinen Ausgangszustand zurückspringt.

Auch wenn das menschliche Gehirn mit einer Grundschwingung von 40 Hertz arbeitet, braucht es doch länger, um die aufgenommenen Informationen auch zu Sinnvollem und Verständlichem zusammenzufügen. Das dauert etwa eine halbe Sekunde. Erst innerhalb dieses Zeitraums vermag der menschliche Geist so etwas wie persönliche Gegenwart zu erzeugen, also ein Bewusstsein von dem, was jetzt gerade an Wahrnehmung geschieht. Vielleicht rührt daher die menschliche Empfindung, dass das Jetzt, also die Gegenwart, kein Zeitpunkt ist, sondern eine Dauer hat. Die Gegenwart wird vom Gehirn auf ca. 3 Sekunden ausgedehnt, um dann fließend in den See der Vergangenheit überzugehen. Dieses 3-Sekunden-Gegenwartsgefühl ist dafür verantwortlich, dass wir zum Beispiel einen Händedruck, der länger als 3 Sekunden dauert, als befremdlich empfinden. Schließen wir beim Gehen die Augen, so tritt nach etwa 3 Sekunden ein massives Unsicherheitsgefühl ein; wir müssen die Augen wieder öffnen oder aber stehen bleiben. Mit diesem

3-Sekunden-Takt unseres Gehirns löst sich unser Bewusstsein von der physikalischen Zeit und schafft sich seine eigene Zeit. In dieser dauert die Gegenwart, die physikalisch nicht existiert, 3 Sekunden.

In Momenten echten, das heißt berauschenden Glücks dauert die Gegenwart sogar ein paar Sekunden länger. In der gelungenen Meditation, so wird berichtet, löst sich die Zeit gleich ganz auf.

Warum wissen wir nichts aus unserer frühesten Kindheit?

Die Erinnerung ist das einzige Paradies, woraus wir nicht vertrieben werden können«, meinte der Dichter Jean Paul. Das stimmt freilich nur, solange die Erinnerung eine schöne ist. Erinnerungen können auch die Hölle sein.

Aber was ist Erinnerung? Und wie kommt sie zu Stande? Zuerst einmal ist Erinnerung eine ganz persönliche Sache. Jeder Mensch erinnert sich auf seine ganz persönliche Weise. Von ein und demselben Ereignis haben verschiedene Menschen unterschiedliche Erinnerungen. Das lässt sich an einem einfachen Experiment ganz leicht nachweisen: Man zeige mehreren Menschen eine Zeit lang dasselbe Bild und frage sie anschließend, an was sie sich erinnern. Jeder wird etwas anderes erzählen – neben vielen Übereinstimmungen, versteht sich. Ein Bild, aber verschiedene Bilder im Kopf.

Das Erinnern scheint also eine ziemlich willkürliche Angelegenheit zu sein. Aus der Flut von Eindrücken holt sich das Gedächtnis immer nur ein paar Tropfen heraus. Und nicht einmal das wenige, das im Gehirn »abgespeichert« wird, bleibt unverändert in ihm haften.

Erinnerungen, so könnte man überspitzt sagen, haben sehr wenig mit der Vergangenheit zu tun. Sie werden ständig durch die Gegenwart umgestaltet. Mit jedem Abruf einer Erinnerung wird diese verändert wieder abgespeichert. Dabei kommt es darauf an, in welcher Stimmung wir uns erinnern. Versetzt man sich in einem momentanen Glückszustand in eine Szene aus der Kindheit, so wird man dieses Kindheitserlebnis bei einem nächsten Erinnern als noch schöner empfinden. Umgekehrt färben sich bei depressiven Menschen die Erinnerungen – auch die schönen – mit jedem Zurückdenken dunkler ein, bis der Mensch mit der Zeit sein ganzes Leben für unglücklich hält. Erinnerungen unterliegen also starken Veränderungen. Erinnerung, so könnte man sagen, ist das Ereignis plus die Erinnerung an die Erinnerung. Um das Ereignis legen sich mit den Jahren immer mehr Erinnerungsschichten. Das kann so weit gehen, dass am Ende die Erinnerung an ein Ereignis mit dem tatsächlichen Ereignis fast nichts mehr zu tun hat. Es werden sogar Einzelheiten, die mal ein anderer zur Erinnerung beigesteuert hat, in den eigenen Erinnerungsfilm eingebaut und schon beim nächsten Erinnern als eigenes Erlebtes ausgegeben.

In den Erinnerungen schafft sich der Mensch eine Art von Scheinwelt. Noch vor zwanzig Jahren hielt man das menschliche Gedächtnis für eine Art Computer, der unbestechlich alles speichert, was in ihn eingegeben wird. Aber so ist es nicht. Dass sich unser Gehirn die erinnerte Wirklichkeit nach Belieben formt, liegt vor allem daran, dass am Abspeichern nicht nur die Hirnrinde beteiligt ist – die Hüterin des logischen Denkens –, sondern ebenso das limbische System, das unsere Gefühle hervorruft. Bevor Erlebnisse in die Hirnrinde gelangen, müssen sie das Gefühlszentrum passieren, wobei sie von diesem »eingefärbt«, also verändert werden. So erklärt sich zum Beispiel der Effekt, dass der Mensch, wenn er gerade mal schlechte Zeiten durchlebt, die Vergangenheit als besonders schön erinnert, auch wenn sie objektiv gesehen gar nicht so schön war. Die Vergangenheit erscheint in einem goldenen oder rosigen Licht. Das geht sogar so weit, dass schreckliche Dinge romantisiert werden. Das Umgekehrte ist, wie wir oben gesehen haben, auch möglich. Das Gehirn ist in dieser Hinsicht ein ausgefuchster Betrüger.

Erinnerung entsteht also im Gehirn, und zwar nicht als exaktes Abbild des Erlebten, sondern als ein lebenslänglicher eigenständiger Gestaltungsprozess. An etwas, das wir im Alter von zehn Jahren erlebten, erinnern wir uns mit zwanzig anders als mit fünfzig oder siebzig. Aber wieso – und nun endlich zur eigentlichen Frage! – erinnern wir uns nicht an unsere früheste Kindheit? Antwort: weil das Gehirn des Menschen erst ab dem zweiten Lebensjahr in der Lage ist, ein Erlebnis zu speichern. Bis dahin sind die dafür verantwortlichen Hirnbereiche zwar vorhanden, aber noch nicht aktiv. Man kann das sehr leicht im Experiment nachprüfen. Man führt zum Beispiel Kleinkindern einfache Tätigkeiten vor, etwa das Zusammensetzen einer Rassel, und fordert sie dann zum Nachmachen auf. Vier Monate später prüft man, ob sich die Kinder noch daran erinnern. Bei Dreijährigen war das meistens der Fall, während Kinder im Alter von 9 Monaten keine Erinnerung mehr daran hatten. Dieses Ergebnis bestätigt die schon etwas ältere Theorie, dass Langzeiterinnerungen im vorderen Teil der Großhirnrinde, dem so genannten Schläfenlappen, gespeichert werden. Dieser Hirnbereich reift erst gegen Ende des ersten und während des zweiten Lebensjahres aus.

Nun sollte man freilich nicht glauben, dass Babys bis zum zweiten Lebensjahr überhaupt kein Gedächtnis hätten. Das haben sie sehr wohl. Sonst könnten sie ja nichts erlernen, etwa das Sprechen. Erworbene Sprachfähigkeit wird nicht wieder vergessen. Doch das Gedächtnis für sprachliche Fakten ist vom Gedächtnis für Erlebtes, etwa den Bau einer Rassel, getrennt. Das Faktengedächtnis funktioniert bei Kleinkindern wunderbar, während die Erinnerung an zusammenhängende Erlebnisse erst etwa mit dem dritten Lebensjahr einsetzt. Erst wenn Kinder richtig sprechen können, sind sie auch in der Lage, episodische Erlebnisse abzuspeichern und später wieder abzurufen. Denn die Sprache dient hierbei als eine Art Ordnungssystem. Wir erinnern uns sprachlich. Diese Fähigkeit setzt aber erst ein, wenn im Laufe des dritten Lebensjahrs die Verbindung zwischen den beiden Hirnhälften voll funktionsfähig ist. Die Zusammenarbeit der Hirnhälften scheint für das Speichern von Ereignissen nötig zu sein, während die Hirnhälften bloße Fakten durchaus getrennt voneinander verarbeiten können.

Doch das alles ist auch wieder nur ein Teil der Wahrheit. Denn Gedächtnis ist mehr als nur ein Abspeichern von Information in Gehirnzellen – eben weil das Gehirn wesentlich komplizierter und vielschichtiger ist als ein Computer. Ob ein Erlebnis abgespeichert wird, hängt auch sehr stark von der Art des Erlebten ab. Grundsätzlich werden schreckliche Dinge stärker ins Gedächtnis eingebrannt als schöne. Das Glück ist flüchtig, auch das erinnerte Glück. Und damit sind wir auch schon beim nächsten Rätsel des Alltags.

Warum ist der Mensch nur selten glücklich?

Fortuna ist die Göttin des Glücks und des Zufalls gleichermaßen. Den Inhalt ihres nie versiegenden Füllhorns verstreut sie nach Belieben. Das Glück fällt einem zu – oder nicht. Das Glück ist wechselhaft und launisch. Das Problem mit dem Glück ist damit schon vorgezeichnet: Es ist ein seltener und dabei auch noch ungezogener Gast; es kommt und geht, wann es will, und die meiste Zeit treibt es sich irgendwo anders herum und lässt uns mit unserem Unglück allein.

Was aber ist eigentlich Glück? Nach einer Antwort auf diese Frage kann man suchen, wo man will – es gibt anscheinend keine Definition dieses Zustands, die befriedigend wäre. Dennoch weiß jeder, wenn das Glück da ist. Für die Psychologen ist es der Zustand angenehmer Empfindungen wie Freude, Lust oder Heiterkeit, wobei es natürlich unterschiedliche Grade des Glücks gibt. Mit dem Glücksgefühl belohnt sich der Mensch gewissermaßen selbst, oder in den trockenen Worten des englischen Schriftstellers Jonathan Swift: »Die Glückseligkeit ist derjenige Zustand, da man ununterbrochen wohl und geschickt betrogen wird« – von sich selbst, möchte man hinzufügen.

Glück ist ein Zustand der Selbstbelohnung. Allerdings gibt es hierzu noch einen »Bewertungsapparat« im Gehirn, der feststellt, ob wir die Belohnung auch verdient haben. Je mehr wir sie verdienen, desto glücklicher sind wir. Dabei hat es die Natur so eingerichtet, dass Glückszustände nicht allzu oft eintreten. Dauerhaftes Glück wäre schädlich, so ist zu vermuten. Aber wieso?

Ganz einfach. Weil ein Glück, das zur Gewohnheit wird, kein Glück mehr ist. Die Gewohnheit ist der Glücksvernichter schlechthin, weshalb eine Aussage wie »seit 20 Jahren glücklich verheiratet« eine fromme, freilich auch liebenswerte Lüge ist. Zum Wesen des

Glücks gehört, dass es sich erschöpft, sobald es eintritt. Glück ist ein Gefühlshöhepunkt. Höhepunkte zeichnen sich dadurch aus, dass es nicht mehr höher geht. Jede Bewegung vom Höhepunkt weg führt abwärts. So steht Fortuna nicht nur auf einem Rad und dreht sich im Kreise, sondern das Glück, das sie verteilt, verhält sich selbst wie ein rollendes Rad; es zeigt den ständigen Wechsel von Auf- und Abstieg. Das Erreichen des höchsten Punkts, also des höchsten Glückszustands, ist bereits der Beginn des Niedergangs.

In dauerhaftem Glück könnte der Mensch nicht leben; er würde im Glückszustand verharren wollen, alle Tätigkeiten einstellen bis auf jene, die den Glückszustand bewirken. Eine Gesellschaft von stets glücklichen Menschen wäre eine untätige, nichts mehr erstrebende und damit untergehende Gesellschaft. So ist vielleicht auch zu erklären, wieso in der Bundesrepublik Deutschland der Prozentsatz der Glücklichen und Zufriedenen seit dem Ende des Zweiten Weltkriegs ungefähr gleich geblieben ist. Mit dem stetig wachsenden Wohlstand in der Bevölkerung hat das Glück der Menschen nicht zugenommen. Die Natur, so scheint es, setzt jedem ungebremsten Glückswachstum Grenzen, und diese Grenzen liegen im Menschen selbst. Das sieht man auch daran, dass der Mensch sich über angenehme und schöne Erlebnisse weniger stark freut, als ihn schlechte Nachrichten und Erlebnisse ärgern und betrüben. Die Freude verblasst gewöhnlich auch schneller als der Ärger. Genauso wird der Zustand der Gesundheit, den viele als das Wichtigste im Leben bezeichnen, meist ohne Glücksgefühle einfach so zur Kenntnis genommen, während eine chronische Krankheit tatsächlich als chronisches Unglück empfunden wird. Das Glück, gesund zu sein, wird vom Gesunden nicht als Glück empfunden – vom Kranken dafür umso mehr.

Glücksgefühle hängen meistens von äußeren Reizen ab, von denen sie ausgelöst werden, sei es ein plötzlicher Geldsegen, eine Verliebtheit, Erfolg in der Schule oder im Beruf, ein beeindruckendes Naturerlebnis und Ähnliches. Glücksgefühle können aber auch durch Konsum von Drogen künstlich hervorgerufen werden. Das macht die Drogen auch so gefährlich. Der Glückszustand ist gleichsam auf Knopfdruck zu haben. Hinzu kommt, dass ein Drogenglück ungewöhnlich intensiv sein kann. Natürliches Glück erscheint dann wie ein müder Abklatsch. Allerdings stellt der »Bewertungsapparat« im Gehirn fest, dass man diese Belohnung gar nicht verdient hat; man hat nichts dafür tun müssen. Auf das Drogenglück folgt deshalb intensivstes Unwohlsein. Nach häufigem Konsum der Droge bleibt nach und nach auch das Glücksgefühl aus; es geht dann nur noch darum, das Unwohlsein zu betäuben. Selbst mit Drogen ist also das Glück auf Dauer nicht wiederholbar. Hierauf beruht auch die teuflische Spirale beim Drogenkonsum: Es muss immer mehr und immer Stärkeres konsumiert werden, damit sich der künstliche Glückszustand überhaupt noch einstellt.

Dass der Mensch Glückszustände durch Einnahme bestimmter Drogen künstlich erzeugen kann, weist schon darauf hin, dass Glück etwas mit Chemie zu tun hat: mit der Chemie unseres Gehirns. Gefühle wie Angst, Wut, Hass, Lust, Trauer, Liebe und eben auch das Gefühl der Glückseligkeit werden im Gehirn erzeugt, nirgendwo sonst. Dort gibt es, wie schon erwähnt, eine Art Belohnungssystem. Die Belohnung für bestimmte Sinneswahrnehmungen und Verhaltensweisen geschieht durch Lustgefühle. So erklärt sich auch, wieso Glückszustände nur von kurzer Dauer sind: weil die chemischen Stoffe, die die Glücksgefühle im Gehirn auslösen, äußerst flüchtige Stoffe sind. Interessanterweise sind jene chemischen Substanzen, die Angst erzeugen, am langlebigsten. Und das ist auch gut so. Denn Angst und Furcht sind für das Überleben wichtiger als das Glück. Das Glück hat sogar die schlechte Eigenschaft, den Sinn für die Wirklichkeit und ihre Gefahren zu vernebeln. Zu viel Glück wäre schlichtweg lebensgefährlich. Wir sind nur in der Lage, das Leben mit all seinen Widrigkeiten zu meistern, wenn wir nicht allzu oft glücklich sind. Das macht die Tragik des menschlichen Daseins aus.

Für Gefühle aller Art ist grundsätzlich das so genannte limbische System im Gehirn zuständig, das tief im Innern dieses Organs verborgen liegt. Ein bestimmter Bereich des limbischen Systems wird

Nucleus accumbens genannt. Dieser spielt eine Schlüsselrolle bei der Entstehung des Glücksgefühls; er ist gewissermaßen die Schaltstelle des Belohnungssystems. Der *Nucleus accumbens* enthält Nervenzellen, die den Botenstoff Dopamin zur Signalübermittlung untereinander verwenden. Das Hormon Dopamin ist vor allem dafür verantwortlich, dass wir immer wieder Situationen suchen, die Glücksgefühle erzeugen. Dopamin setzt gewissermaßen unser Glücksbegehren in Gang. Damit ist es aber auch ein entscheidender chemischer Stoff bei der Entstehung von Sucht. Viele Drogen setzen nämlich im *Nucleus accumbens* vermehrt den Botenstoff Dopamin frei, der den Menschen mit Glücksgefühlen belohnt.

Im Gehirn sind aber neben dem Dopamin auch noch andere Botenstoffe an der Erzeugung von Glück beteiligt: die körpereigenen Opioide und Cannabinoide. Sie befinden sich auch in Drogen wie Opium, Kokain und Cannabis (= Haschisch). Weil Glück chemisch bedingt ist, ist es auch messbar. Je mehr hirneigene Opioide und Cannabinoide ausgeschüttet werden, desto glücklicher sind wir. Darin gleichen sich alle gesunden Menschen. Wir sind im Prinzip alle gleich glücksfähig. Freilich gibt es in dem, was uns glücklich macht, große Unterschiede. Diese Unterschiede werden schon in der Kindheit angelegt: So sind manche Kinder von Geburt an ängstlich, andere können nicht früh genug von Mutters Rockzipfel weg. So findet später der eine sein Glück im stillen Kämmerlein, der andere in der weiten Welt.

Das menschliche Gehirn ist also streng genommen Drogenhersteller und -konsument in einem. Unter den körpereigenen Opioiden sind es vor allem die Endorphine, die für rauschhafte Glückszustände verantwortlich sind. So haben zum Beispiel Tests an Bungee-Springern gezeigt, dass der Sprung in die Tiefe mit einem 200-fachen Anstieg der Endorphin-Produktion im *Nucleus accumbens* einhergeht. Im Prinzip kann man also auch vom Bungee-Springen oder von Extremsportarten süchtig werden. Selbst Spielsucht und Fernsehsucht entstehen vermutlich über das körpereigene Belohnungssystem, das im *Nucleus accumbens* sein Schaltzentrum hat.

Unlängst wiesen Forscher sogar nach, dass das Hören von Musik, die als besonders angenehm empfunden wird, dieses Belohnungssystem im Gehirn aktiviert. Wie die verschiedenen Botenstoffe im Gehirn ineinander greifen und Glücksgefühle bis hin zu rauschhaften Zuständen erzeugen, ist allerdings noch weitgehend unerforscht.

Glück ist stets mit einem hohen Maß an Selbstvergessenheit verbunden – und das muss eigentlich nachdenklich stimmen. Der Mensch scheint sich vor allem dann am wohlsten zu fühlen, wenn er nichts mehr mit sich selber zu tun hat. Glück, so könnte man zugespitzt sagen, ist der Zustand, in welchem man vom eigenen Ich nicht mehr belästigt wird.

Warum haben so viele Menschen Angst vor Spinnen?

Wir leben in einer Welt der Angst. Das ging den Menschen früherer Zeiten nicht anders. Angst scheint eine Grundstimmung des menschlichen Daseins zu sein. Alle großen Ängste und kleinen Ängstlichkeiten werden von der einen existenziellen Grundangst genährt, die der Mensch auszuhalten hat: der Angst vor dem Tod.

Als wären es der wirklichen Bedrohungen nicht genug, schafft sich der Mensch selber noch jede Menge Angstobjekte, die bei nüchterner Betrachtung nichts Schreckliches an sich haben. Die Psychologen haben für diese »unsinnigen« Ängste den Begriff »Phobie« geschaffen. Das Wort leitet sich vom griechischen »phobos« ab, was Furcht bedeutet.

Es gibt fast kein Objekt, vor dem sich nicht irgendein Mensch fürchtet. Besonders Tiere sind oftmals Auslöser solcher Ängste, zumal bei Kindern. Kinder haben ja ohnehin ein ganz besonderes Verhältnis zu Tieren. Sie sehen in ihnen etwas Ebenbürtiges – Geschwister, wenn man so will. Für kleine Kinder sind Tiere nichts wesentlich anderes als Menschen, sie sehen nur ein bisschen anders aus. Sigmund Freud (1856–1939), der große Erforscher der menschlichen Seele, meinte hierzu: »Das Kind beginnt plötzlich eine bestimmte Tierart zu fürchten. (...) Die Phobie betrifft in der Regel Tiere, für welche das Kind bis dahin ein besonders lebhaftes Interesse gezeigt hatte, sie hat mit dem Einzeltier nichts zu tun. Die Auswahl unter den Tieren, welche Objekte der Phobie werden können, ist unter städtischen Bedingungen nicht groß. Es sind Pferde, Hunde, Katzen, seltener Vögel, auffällig häufig kleinste Tiere, wie Käfer und Schmetterlinge. Manchmal werden Tiere, die dem Kind nur aus Bilderbuch und Märchenerzählung bekannt worden sind, Objekte der unsinnigen und unmäßigen Angst, welche sich bei dieser Phobie zeigt; selten gelingt es einmal, die Wege zu erfahren, auf denen sich eine ungewöhnliche Wahl des Angsttieres vollzogen hat. So verdanke ich K. Abraham die Mitteilung eines Falles, in welchem ein Kind seine Angst vor Wespen selbst durch die Angabe aufklärte, die Farbe und Streifung des Wespenleibes hätte es an den Tiger denken lassen, vor dem es sich nach allem Gehörten fürchten durfte.«

Freud und seine Schüler kamen zu dem Schluss, dass die kindliche Angst vor einem an sich harmlosen Tier im Grunde dem Vater gelte, und zwar dann, wenn die untersuchten Kinder Knaben waren. Diese Angst vor dem Vater sei nur auf das Tier verschoben worden. Demnach stünde die kindliche Tierphobie stellvertretend für die Angst vor dem bösen Vater (oder der bösen Mutter bei Mädchen), so jedenfalls Freud.

Ich selbst erinnere mich noch sehr gut an die »Tierphobie« meiner kleinen Schwester, die sich dadurch auszeichnete, dass die Angst sich auf einen harmlosen Teil eines Tieres bezog: Vogelfedern. Diese Angst war umso größer, je kleiner die Feder war, was man vielleicht damit erklären kann, dass eine kleine Daune »lebendiger« wirkt als eine große, starre Feder. Wie ein Insekt fliegt sie auf einen zu. Grausam, wie große Brüder zu ihren kleinen Schwestern oft sind, hatte ich eine Zeit lang immer eine Daune in meiner Hosentasche, um meiner Schwester bei Gelegenheit damit zu drohen und sie so meiner Willkür auszuliefern. Mag sein, dass die Daune ohnehin den bösen Bruder symbolisierte.

Neben der relativ häufigen Angst vor Hunden, Pferden oder Schlangen gibt es noch die seltenere Angst vor Mäusen und Ratten, von der vor allem Frauen betroffen sind. Vermutlich am häufigsten aber ist die Angst vor Spinnen, die so genannte Arachnophobie. (Das griechische Wort »arachnida« bezeichnet die Spinnentiere). Das Angstgefühl gegenüber Spinnen ist das des Unheimlichen, wobei man sich freilich fragt, wieso eine Spinne unheimlicher sein soll als etwa eine Heuschrecke oder ein Glühwürmchen? Sowieso haben Spinnen, so absurd es auch klingen mag, genetisch mehr mit uns

Menschen gemein als mit Fliegen. Denn vor etwa 550 Millionen Jahren haben sich Fliegen und Spinnen von der Evolutionslinie abgespalten, die zum Menschen führt. Die Insekten inklusive der Fliegen haben sich dann aber stark von den ursprünglicheren Spinnen entfernt, sodass die Verwandtschaft der Spinnen zum Menschen sich genetisch als die engere erweist.

Das Unheimliche einer Spinne hat gewiss auch mit ihrer vermeintlichen Giftigkeit zu tun. Doch das allein ist es sicher nicht. Es gibt ja in unseren Breiten keine gefährlichen Spinnen. Und dennoch wird selbst der aufgeklärteste und leidenschaftlichste Tierfreund ein gewisses Unbehagen beim Anblick einer Spinne, zumal einer großen, haarigen, nicht leugnen können. Etwas Faszinierendes und Ekelerregendes gleichermaßen geht von diesen Tieren aus. Man spürt das Verlangen sie anzuschauen und gleichzeitig die Angst, von ihnen berührt zu werden. Die allgemein verbreitete widersprüchliche Einstellung gegenüber Spinnen kommt auch in Äußerungen des so genannten Volksmundes zum Ausdruck: »Spinne am Morgen bringt Kummer und Sorgen. Spinne am Abend, erquickend und labend.« Einerseits gilt die Spinne als Unglücksbote, als Symbol der Wut, der Gier und des Hasses, andererseits schreibt ihr der Volksglaube heilsame Wirkungen zu; so soll sie die »bösen Dämpfe« – zeitgemäßer würde man von den »negativen Energien« sprechen – in einem Haus aufsaugen, was immer damit gemeint ist.

Was die Spinnen vor allem so unheimlich macht, ist ihr plötzliches Erscheinen und, mehr noch, ihr ebenso plötzliches Verschwinden. Ihre Bewegungen sind meist schnell, wobei sie fortwährend ihre Laufrichtung ändern. Gerade noch bewegte sich das Tier von einem fort, jetzt kommt es mit bedrohlicher Schnelligkeit direkt auf einen zu. Wegen der flinken, stoßweisen Bewegungen unterstellt man den Spinnen Angriffslust.

Doch auch die Plötzlichkeit ihres Erscheinens und Verschwindens ist es nicht allein, was eine Spinne unheimlich macht. Ein Spinnenbaby, das sich an seinem Faden von der Zimmerdecke herablässt und plötzlich vor unserer Nase baumelt, wird uns kaum in

Panik versetzen. Der Schock des »Monströsen« muss noch hinzukommen. Dabei ist es die Angst selbst, die das »Angsttier« größer und hässlicher erscheinen lässt, als es bei nüchterner Betrachtung ist. Angst gebiert Monster. Wo immer in der Literatur oder im Film harmlose Tiere als Schreckensviecher herhalten müssen, werden ihre Maße ins Riesenhafte gesteigert. Hinzu kommt, dass gerade über Spinnen – und Schlangen – jede Menge Unsinn verbreitet wird. Der Verdacht drängt sich auf, dass der Mensch die Spinnen – und Schlangen – gar nicht so sehen will, wie sie wirklich sind. Er braucht sie zur Angstbesetzung.

Spinnen oder Schlangen machen nur dem Angst, der sie nicht kennt, der von ihrer Lebensweise keine Ahnung hat. Unheimlich ist das, was nicht heimlich, heimisch und heimelig ist. Heimelig ist das, was zum Heim gehört, was darin als vertraut und dazugehörig empfunden wird. Unheimlich ist alles, was in den Schutz der trauten Heimwelt einbricht und die behagliche Ruhe stört. So muss es nicht verwundern, wenn uns Ekel und Furcht vor einer Spinne viel eher in der Wohnung als in der freien Natur überkommen. Im Haus rückt die Spinne einem näher; das machen die Wände rundum. Die Enge erzeugt erst die Angst. Nicht umsonst leitet sich das Wort »Angst« von Enge ab. Von außen ist etwas eingedrungen, das besser draußen geblieben wäre.

Wie Mäuse und Schlangen, so zählen auch Spinnen zu jenen Tieren, die sich dem menschlichen Blick meist entziehen, weil sie ihr Leben hauptsächlich in Verstecken verbringen oder erst in der Nacht aktiv werden. Nach allem, was man weiß, sind Spinnen ohne Schlaf. Die Nacht ist ja überhaupt die Zeit für Ängste. Es soll noch heute Menschen geben, die die vier Füße ihres Bettgestells in Näpfe voll Petroleum stellen, damit nachts kein Ungeziefer daran hochkriechen kann – Spinnen gegenüber ein unsinniges Unterfangen, denn sie ziehen es sowieso vor, sich von der Decke auf das Gesicht des Schlafenden herabzulassen. Wenn wir wüssten, was uns des Nachts schon alles übers Gesicht gekrabbelt ist!

Die Form der Spinne gleicht entfernt der einer Kralle. Das Zupacken ist im Spinnenkörper lebendige Form geworden. Die spinnenhafte Kralle wirkt erst recht schrecklich, wenn sie behaart ist. Die Werwolf-Kralle, die sich im Gruselfilm durch den Türspalt zwängt, ist die ins Riesenhafte vergrößerte haarige Wolfsspinne. Nichts schlimmer als lange, stark behaarte Spinnenbeine, wie ja überhaupt Spinnen umso mehr Furcht erzeugen, je behaarter sie sind. Man spricht nicht umsonst von einer »haarigen Angelegenheit«, wenn einem eine Sache nicht geheuer ist. Dabei sind gerade die größten und haarigsten Spinnen, die tropischen Vogelspinnen, die harmlosesten. Die Größe ihres Körpers setzt man gern mit der Größe ihrer Giftigkeit gleich. Aber das ist falsch. Die Giftdrüsen von Vogelspinnen sind klein; die Tiere überwältigen ihre Beute mechanisch, einzig mit der bloßen Kraft ihrer mächtigen Kiefer. Man kann sie sich bedenkenlos als Haustiere halten, wie das auch in den Herkunftsländern getan wird. Sie entwickeln in Gefangenschaft sogar eine gewisse Zutraulichkeit zum Menschen. Überhaupt sei allen, die unter zu viel Besuch durch die Verwandtschaft leiden, geraten, sich solch eine Vogelspinne in der Wohnung zu halten. Die lästige Besucherflut wird rasch versiegen.

Warum ekeln wir uns vor Spucke?

Eigentlich sollten wir uns vor Spucke nicht ekeln, denn wir haben sie ja ständig im Mund. Nun wird sofort jeder einwenden, dass wir uns ja auch gar nicht vor der eigenen Spucke ekeln, sondern nur vor der Spucke der andern. Aber auch das stimmt so nicht, weil sonst kein Mensch mehr Lust verspürte, einen andern innig zu küssen. Also was nun? Ekeln wir uns vor Spucke oder nicht?

Vielleicht kommen wir der Antwort durch ein einfaches Experiment näher. Dazu brauchen wir nur ein Trinkgefäß. In dieses spucken wir kräftig hinein, geben ein bisschen Wasser dazu, rühren das Ganze um und – trinken es. Wenn wir könnten! Doch kaum einer wird das über sich bringen. Wieso eigentlich nicht? Wir würden dabei doch nur etwas zu uns nehmen, das wir so oder so hinuntergeschluckt hätten – unsere eigene Spucke. Spucke, so scheint es, erzeugt erst Ekel, wenn sie sichtbar wird, und das gilt sogar dann, wenn es sich um die eigene Spucke handelt. Das kann bei manchen Menschen sogar so weit gehen, dass ihnen bereits das Reden über unser schleimiges Mundsekret Übelkeit bereitet.

Es scheint, dass der Mensch nicht gern sieht, was an Säften in seinem Innern ist. Wenn diese nach außen treten, sei es, dass jemand sabbert oder spuckt, Erbrochenes von sich gibt oder blutet, wendet man sich mit mehr oder weniger starkem Grausen ab. Obwohl – das Blut weckt erstaunlich wenig Ekel. Problemlos lecken wir es auf, wenn wir uns etwa am Finger verletzt haben und es aus einer kleinen Wunde sickert. Im Vergleich zum Speichel ist Blut eine geradezu noble Flüssigkeit. Spucke steht ganz unten auf der Beliebtheitsskala der Körperflüssigkeiten, irgendwo zwischen Eiter, Rotz und Schweiß. Zum edlen Blut gesellen sich die poetischen Tränen. Dabei haben die Chemiker längst festgestellt, dass Speichel fast eine Art Spiegelbild des Blutes ist. Er enthält fast alles, was man auch in diesem findet.

Der Ekel vor Spucke ist also ein Teil des großen Ekels vor dem, was sich unter unserer Haut verbirgt. Gottlob ist die nicht durchsichtig wie bei einem Glasaal. Die Spucke gehört nicht nur zu den besonders verfemten Körpersäften, sie wird auch in ihrer Bedeutung unterschätzt und als weitgehend überflüssige Flüssigkeit betrachtet. Im Gegensatz etwa zum Blut, von dem jeder weiß, wie wichtig es ist, hat der Speichel für viele nur den Zweck, uns vor einem trockenen Mund zu bewahren. Vielleicht wissen wir gerade noch, dass mit dem Speichel die Stärke in der Nahrung aufgespalten, also gewissermaßen vorverdaut wird. Erst seit ein paar Jahrzehnten weiß man, dass der Speichel eine äußerst vielseitige, mächtige und wichtige Körperflüssigkeit ist: ein Gemisch aus Enzymen, mit denen der Stoffwechsel, also die Umsetzung von Nahrung in Energie, gesteuert wird und Giftstoffe abgebaut oder entfernt werden. Auch befinden sich reichlich Antikörper im Speichel, die Krankheitskeime bekämpfen, dazu Hormone und unzählige andere Eiweißstoffe (Proteine). Da gibt es zum Beispiel den Schleimstoff Muzin, der die Spucke eklige Fäden ziehen lässt, was freilich nicht seine eigentliche Aufgabe ist. Vielmehr soll er Gaumen und Zähne mit einem bakterienfeindlichen Schutzfilm versorgen. Phosphatsalze im Speichel verhindern, dass sich der Zahnschmelz auflöst. Ein besonderes Protein fördert die Wundheilung, was dazu führt, dass Verletzungen im Mund- und Lippenbereich besonders rasch heilen. Das scheint von jeher Teil des allgemeinen Volkswissens zu sein, da man schon als Kind lernt, eine kleine Wunde mit Spucke zu benetzen. Auch Tiere lecken ihre Wunden. Zu alldem hat der Speichel auch noch die nützliche Funktion, Essensreste und Bakterien aus den Zahnzwischenräumen und den Hautfalten der Mundhöhle zu spülen.

Pro Tag produzieren unsere Speicheldrüsen ein bis zwei Liter dieser besonderen Flüssigkeit. Der Speichelfluss ist nicht ständig gleich, sondern die Produktion der Speicheldrüsen wird vom Gehirn gesteuert. Der Biss in eine Zitronenscheibe oder oft schon deren bloßer Anblick lässt die Spucke reichlich fließen. Auch der Geruch einer Lieblingsspeise oder der bloße Gedanke daran lässt »das Wasser im Munde zusammenlaufen«. Im Gegensatz dazu lassen Aufregung, Nervosität und Angst den Mund in kurzer Zeit austrocknen. Auf dieses Phänomen begründete man im Altertum einen fragwürdigen Schuldbeweis: Der Angeklagte musste eine Hand voll Reiskörner schlucken. Gelang ihm dies wegen seines ausgetrockneten Mundes nicht, so galt er als nervös. Aus seiner Nervosität folgerte man, dass er schuldig sei. Aber wer wird nicht nervös, wenn er vor Gericht steht, egal, ob schuldig oder unschuldig? Heute ist der Speichel auf andere Weise für Gerichte interessant: Er verrät fast alles über eine verdächtige Person, etwa, ob sie trinkt oder raucht, an dieser oder jener Krankheit leidet, ja selbst, ob sie niedergeschlagen oder glücklich ist. Leider wird unsere ganze Lobrede auf die Spucke nichts daran ändern, dass wir uns vor ihr ekeln, sobald wir sie zu Gesicht bekommen.

Warum kann Musik zu Tränen rühren?

Es gibt Menschen, von denen man sagt, sie hätten sehr nahe am Wasser gebaut. Das soll heißen: Sie sind sehr schnell zu Tränen gerührt. Ich selbst zähle mich auch zu diesen »Heulsusen«. Im Kino bin ich deshalb immer ganz dankbar, wenn nach dem Ende des Films noch ein langer Abspann kommt. So habe ich Zeit, die verheulten Augen wieder trocknen zu lassen, bevor das Licht angeht. Dabei sind es nicht allein die tragischen, traurigen oder sentimentalen Stellen eines Films, die meine Tränendrüsen aktivieren. Schon das Bild einer zauberhaften Landschaft, mit einer ebenso zauberhaften Musik unterlegt, rührt mich an. Überhaupt die Musik im Film! Sie macht, dass die Filmwirklichkeit meist ergreifender ist als die wirkliche Wirklichkeit, selbst wenn nur eine alltägliche Geschichte mit einfachen Bildern erzählt wird. Das Kino lebt von der Musik; sie ist die Seele der Bilder. Deshalb war ja auch der Stummfilm niemals stumm. Musiker im Vorführraum gaben ihr Bestes, damit das Publikum die auf der Leinwand gebotenen Leidenschaften noch leidenschaftlicher mitempfinden konnte: das Feuer der Liebe, das Bohren der Eifersucht, den Jubel des Glücks oder das Dunkle der Trauer.

Auch beim Hören von Musikstücken, sei es im Konzertsaal oder daheim über die Stereo-Anlage, erlebt man zuweilen dieses tiefe Ergriffensein. Ich erinnere mich an ein Konzert des großen russischen Pianisten Vladimir Horowitz in der Berliner Philharmonie, bei dem das Schluchzen im Publikum an manchen Stellen das Spiel des Meisters auf irritierende Weise untermalte. Musik ist eine tönende Macht. Sie vermag menschliche Seelen in Auflösung zu versetzen. Sie kann Freudenschauer, ja tiefes Glück bewirken, was anderen Künsten nur schwerlich gelingt. Allein schon dadurch erweist sich die Musik als Königin der Künste.

Aber woher rührt diese rührende Macht der Musik? Die Psychologen mögen es damit erklären, dass der Mensch von Grund auf rhythmisch gestimmt ist, dass wir schon als Fötus im Bauch der Mutter von »Musik« eingehüllt sind, einer »Musik«, die vom Herzschlag getragen wird. Musik, freilich nicht jede, weckt ein embryonales Urempfinden in uns, eine angenehme Hilflosigkeit überkommt einen, das Ich zerfließt, zieht sich selbstverliebt von der grauen und grausamen Welt zurück. Musikhören gleicht einem Wegtauchen und Dahintreiben, ist selbst ein Auf- und Niederfluten, ein tosendes Brausen, ein Anrollen in Wellen oder ein leises Verströmen. Musik, so sagen die Psychologen, sei Ausdruck unserer Sehnsucht nach der verlorenen Geborgenheit im Mutterschoß, vielleicht sogar Ausdruck einer noch tieferen Sehnsucht: nach der vor Urzeiten verlassenen Meerexistenz des Lebens. Vielleicht ist deshalb die Musik so voller »Seestücke«. Musik ist das in Töne verwandelte Urelement.

Die Gehirnforscher sind da etwas präziser in ihren Erklärungen, wie sie ja überhaupt das, was wir »Seele« nennen, als Produkt komplizierter Hirnaktivitäten deuten, von denen sie bislang erst wenige verstehen. Wie die Wahrnehmung von Musik im Gehirn abläuft, wissen wir vorerst nur in Ansätzen. Man geht davon aus, dass in der rechten Gehirnhälfte zunächst die Grundstruktur der Musik herausgearbeitet wird. Anschließend leistet die linke Gehirnhälfte die feinere Analyse. Dabei werden die verschiedenen Teilaspekte der Musik, etwa Rhythmus, Intervalle, Tonhöhen, Melodien, Lautstärken, von unterschiedlichen, teilweise überlappenden Hirnbereichen verarbeitet, wobei bei jedem einzelnen Menschen etwas andere Hirnbereiche zusammenspielen. Jedes Gehirn hört also ein wenig anders als alle andern. Das eine, streng abgegrenzte »Musikzentrum« im Gehirn gibt es nicht; es gibt, wenn man so will, sechs Milliarden »Musikzentren«.

Ganz nüchtern stellen die Hirnforscher weiter fest, dass für die wohligen Schauer und die Erregung beim Musikhören das so genannte limbische System, das Gefühlszentrum im Gehirn, verantwortlich ist. Dieser Bereich des Gehirns funktioniert als eine Art Belohnungssystem, das auch beim Konsum von Drogen aktiv wird oder bei sexueller Erregung. Weil es aber etwas Schönes ist, mit wahren Freudenschauern belohnt zu werden, will dieses Glück immer wieder aufs Neue erlebt werden. Man kann, wie bei einer Droge, regelrecht süchtig werden nach Musik. So muss es nicht verwundern, dass Musik, eben weil sie starke, nicht selten rauschhafte Gefühle in einem hervorrufen kann, für den Menschen aller Zeiten eine sehr große Bedeutung hatte. So setzen sie auch die Religionen, der Islam ausgenommen, in ihren Gottesdiensten ein. Viele, gerade auch junge Menschen, sehen in der Musik einen wichtigen Lebensinhalt; sie nennen sie gleich nach Familie, Freundschaft und Gesundheit und bewerten sie höher als etwa Reisen oder Religion.

Warum schläfern Wiegenlieder ein?

Jeder kennt Wiegenlieder, weil jeder mal Kind war. Sie brennen sich unauslöschlich ins Gedächtnis ein. Wird man Mutter oder Vater, so frischt man diese uralten Schlaflieder spielend wieder auf; ein Stichwort genügt, schon ist die Melodie im Kopf und auch der Text stellt sich ein: »Schlaf, Kindlein, schlaf, der Vater ist ein Schaf...« Dem Baby ist diese Verunglimpfung egal, weshalb man mit der gleichen Melodie auch vom Maikäfer singen kann: »Maikäfer, flieg, der Vater ist im Krieg...« Es gibt neben vielen schönen, poetischen Wiegenliedern auch solche mit unsäglich dummen Versen. Aber was soll's?

Bei dieser Gelegenheit stellt sich dem Autor die Frage, wieso die moderne Welt eigentlich das ungemein sinnvolle Möbelstück Wiege aus den Kinderzimmern hat verschwinden lassen – zusammen mit dem Schaukelpferd? Die Nachforschung ergibt, dass die Wiege bereits am Ende des 19. Jahrhunderts aus den Kinderzimmern verdrängt wurde – auf Anraten der Pädagogen. Im »Handwörterbuch für den deutschen Volksschullehrer« von 1874 liest man zur »Wiegenfrage«, dass der Pädagoge, »besonders vom Standpunkt der sittlichen Erziehung aus, sich gegen dieses Möbel erklären muss, weil durch dasselbe dem Kind ein Bedürfnis oktroyiert (= aufgedrängt) wird, das die unverdorbene Natur nicht verlangt. Sinnliche Lust und Eigenwille werden leider nur gar zu oft durch das Wiegen in das Kindergemüt geimpft.« Man sollte allerdings nicht dem falschen Glauben erliegen, dass die Zeiten, in denen die Babys noch in Wiegen lagen, die besseren Zeiten gewesen sind. Das waren sie gewiss nicht.

Dennoch: Die Wiege ist ein nützliches Gerät. Im schaukelnden Schwingen der Wiege ist der Rhythmus des Wiegenlieds bildlich geworden. Wer einem Kind ein Wiegenlied vorsingt, wiegt es gleichsam in Tönen. Dabei ist der Grund für dieses Tun ein ganz nüchterner und zweckmäßiger: Das Kind soll möglichst schnell einschlafen und damit den Eltern ihre verdiente Ruhe lassen. Das nächtliche Stillsein der Kinder war in der menschlichen Frühzeit geradezu lebenswichtig, weil das Geschrei der Säuglinge wilde Tiere oder feindliche Gruppen anlocken konnte. Man darf also davon ausgehen, dass der Mensch, seit er sich musikalisch zu äußern vermag – und das tat er sehr früh, womöglich noch vor der Entwicklung einer Sprache –, auch Wiegenlieder für die Nachkommenschaft gesungen hat.

Schon der Schweizer Pädagoge Johann Heinrich Pestalozzi (1746–1827) vermutete, dass sich in zu wenig gewiegten Kleinkindern »der Keim der bösen Unruhe ... entfaltet«. Heute spricht man von hyperaktiven Kindern. Wiegenlieder wurden von den Müttern früher nicht nur dem Kind in der Wiege vorgesungen, sondern ebenso dem Kind an der Brust. Wiegenlieder sind also im Grunde auch echte Trinklieder. Vielleicht rührt daher die Angewohnheit angetrunkener Menschen, sich beim Singen von Trinkliedern auch noch hin und her zu wiegen, was man gemeinhin als Schunkeln bezeichnet. Trinker, das weiß man, sind allesamt große Säuglinge, die womöglich von ihren Müttern zu wenig gewiegt und zu kurz gestillt worden sind. Egal, wo auf der Welt ein Wiegenlied angestimmt wird – man erkennt es sofort als solches. In ihrem wiegenden Rhythmus, ihrem schläfrigen Tempo, dem melancholischen Grundton sind sie einander alle gleich.

Nun wissen wir immer noch nicht, wieso Wiegenlieder die Kinder schläfrig machen. Zuerst einmal wirkt ja jede Art von Gesang grundsätzlich beruhigend, weshalb man als ängstlicher Mensch, wenn man einen dunklen Keller betritt oder nachts durch einen Park läuft, instinktiv zu pfeifen oder zu singen anfängt – das sprichwörtliche Pfeifen im Walde. Und es hilft ja tatsächlich; die Angst lässt nach. Aus dem gleichen Grund zogen früher die Soldaten singend (und angetrunken) in die Schlacht.

Die Gehirnforscher machen für die Angstverminderung durch Gesang die so genannte Amygdala (deutsch: Mandelkern) im limbischen System verantwortlich. Musik bewirkt eine Inaktivierung der Amygdala; ihre Aktivität erzeugt Angst und Furcht. Musik führt also zu einer Amygdala-Beruhigung, vorausgesetzt, es ist Musik, die beruhigend wirkt. Musik kann einem ja auch auf die Nerven gehen – auf die Amygdala, um genau zu sein –, vor allem, wenn man sie hören muss, ohne sie hören zu wollen.

Charakteristisch für Wiegenlieder – und übrigens auch für viele Weihnachtslieder – ist der langsame Rhythmus, der der Eigenfrequenz eines hin und her schwingenden erwachsenen Körpers entspricht. Dabei zeigt die Melodie von Wiegenliedern sehr oft die Abwärtsbewegung, die für die Sprachmelodie am Satzende typisch ist. Denn wenn ein Satz zu Ende geht, geht dem Sprechenden entsprechend die Luft aus. Das wiederum bewirkt ein verlangsamtes Schwingen der Stimmbänder, also eine Abwärtsbewegung der Grundfrequenz. Und was Eltern meist nicht wissen: Da die Väter gegenüber den Müttern die tieferen Stimmen haben, sind sie fürs Singen von Wiegenliedern am besten geeignet. Also, Väter: »Schlaf, Kindlein, schlaf, der Vater hüt die Schaf, die Mutter hüt die Lämmerchen, bringt dem Kind ein Semmelchen, schlaf, Kindlein, schlaf.«

Warum lieben wir manche Farben mehr als andere?

Der Wirkung von Farben kann sich niemand entziehen. Mit den Farben ist es nicht anders als mit den Tönen und Gerüchen. Wir haben unsere Sinne, um uns in der Welt zurechtzufinden. Sinnliche Vorlieben und Abneigungen sind Teil dieses Zurechtfindens.

Man stelle sich vor, es gäbe keine Farben, das heißt, unser Gehirn wäre nur in der Lage, Hell-Dunkel-Unterschiede wahrzunehmen. Die Welt erschiene uns als Schwarz-Weiß-Film. Freilich wüsste der Mensch dann gar nichts von einer farbigen Welt und hätte so auch keinen Grund zum Klagen. Und schließlich haben Schwarz-Weiß-Filme auch ihren besonderen Reiz.

Dennoch, die farbige Welt ist gewiss die interessantere. Sie ist, bezogen auf den Menschen, auch die kraftvollere Welt. Denn von Farben gehen Kräfte aus, die auf die menschliche Seele wirken – auf positive wie negative Weise. Manche Seelenforscher meinen, dass die unterschiedlichen Wirkungen der Farben als kulturgeschichtliches Erbe im Menschen festgeschrieben sind. So soll die Farbe Rot bei allen Menschen, egal, welcher Kultur sie angehören, ähnliche Wirkungen auslösen: etwa eine Erhöhung der Puls- und Atemfrequenz sowie des Blutdrucks. Und weil diese Körpersymptome auch bei der Verliebtheit auftreten, gilt Rot wohl überall auf der Welt als Farbe der Liebe und Leidenschaft.

Dass die verschiedenen Farben unterschiedlich auf den Menschen wirken, wussten schon die Mediziner im alten China und entwickelten daraus eine Farben-Heilkunst (Chromo-Therapie). Rein physikalisch besitzt jede Farbe ihre eigene Schwingungsfrequenz. Rot ist langwellig, Blau ist kurzwellig, was bedeutet, dass Blau gegenüber Rot das energiereichere Licht ist. Ob man mit Farben wirklich heilen kann, ist allerdings umstritten.

In vielen Tests konnte man zeigen, dass die Menschen ganz unterschiedliche Vorlieben für Farben haben. Der Schweizer Psychologe Max Lüscher meinte daraus auf das seelische und körperliche Befinden der jeweiligen Person schließen zu können. Dabei werden verschiedenen Farbtönen (Lüscher arbeitete mit 73 bunten Farbkärtchen) bestimmte seelische Eigenschaften zugeordnet. Bei den verschiedenen Blautönen sieht das beispielsweise so aus: Die Farbe des Sommerhimmels (Cyanblau) soll für Freiheit stehen. Das mit viel Rot angereicherte Blau (Ultramarin) soll Macht und Autorität widerspiegeln. Das mit Grün gemischte Blau (Türkis) verspricht Lebensqualität. Ein tiefes, sattes Azurblau gehört zur Sphäre des Traums.

Entsprechend der antiken Lehre von den vier Elementen (Luft, Feuer, Wasser, Erde) hat Lüscher eine Vier-Farben-Lehre des Selbstwertgefühls entwickelt. Demnach besäße ein Mensch, der Gelb bevorzugt, die innere Freiheit zur Selbstentfaltung, denn dem Gelb wird das Element Luft zugeordnet. Wer die Farbe Rot besonders liebt, hat ein hohes Maß an Selbstvertrauen; zu ihm gehört das Element Feuer. Der Blau-Typ zeichnet sich durch Ruhe und Zufriedenheit aus; sein Element ist das Wasser. Der Liebhaber von Grün besitzt Selbstachtung und Beharrungsvermögen; er ist der Erde-Typ. Der Idealmensch, den es so natürlich nicht gibt, müsste eine gleich starke Beziehung zu jeder der vier Hauptfarben zeigen – das wäre der ausgeglichene Mensch schlechthin.

Unsere Vorlieben für Farben spiegeln also, so meinen die Psychologen, unsere grundsätzliche Seelenlage wider, ähnlich dem Muster, mit dem auch in der Antike die Seele in vier Temperamenten in Erscheinung tritt: der leichtlebige Sanguiniker (entsprechend dem Element Luft), der aufbrausende Choleriker (entsprechend dem Element Feuer), der bedächtige Phlegmatiker (entsprechend dem Element Wasser) und der schwermütige Melancholiker (entsprechend dem Element Erde). Freilich kann sich die seelische Grundstimmung eines Menschen im Laufe seines Lebens verändern. Kinder sind nach der antiken Temperament-Lehre eher Phlegmatiker oder Sanguiniker. Als Erwachsene, die mitten im Leben stehen, neigen die Menschen eher zum Cholerischen, während sie im Alter zur Melancholie und auch wieder zum Phlegma des Säuglings tendieren.

Bei einer Befragung von 1500 Schulkindern im vorpubertären Alter wählten drei Viertel von ihnen die Farbe Violett zu ihrer Lieblingsfarbe. Doch mit jedem Jahr, das die Schüler älter werden, nimmt diese Vorliebe rapide ab. Bei Heranwachsenden sind dann ganz andere Farben gefragt: Gelborange, Maisgrün oder Smaragdgrün. Das gilt allerdings nur für die Jungs. Bei den Mädchen lagen während der Pubertät die Blautöne an der Spitze (Pastellblau und Eisblau), während sie nach der Pubertät so gegensätzliche Farben wie Ultramarinblau und Rosa bevorzugten.

Aber auch solche Farbranglisten ändern sich von Generation zu Generation. Ganz allgemein gilt bei allen Altersgruppen – und wohl auch über die Zeiten hinweg – Blau als die Vorzugsfarbe, gefolgt von Rot und Grün. Dass das Gelb für uns nicht zu den Favoriten zählt, gibt zu denken. Vielleicht gibt es hierfür geschichtliche Gründe: Im europäischen Mittelalter wurde die gelbe Farbe als Schandfarbe angesehen. Die katholische Kirche setzte sie als Teufelsfarbe herab. Mag sein, dass dieses negative Image bis heute nachwirkt. In Deutschland, so zeigen Umfragen, ist die mit Abstand unbeliebteste Farbe das Braun. Als Hautfarbe ist es allerdings hoch geschätzt, so sehr, dass für die Bräune sogar die Gesundheit der Haut aufs Spiel gesetzt wird. Die Abneigung gegenüber dem Braun mag geschichtliche Ursachen haben: Die Nationalsozialisten wählten sie als ihre Erkennungsfarbe. Das geschah allerdings rein zufällig: Hitlers Partei, anfangs noch in Geldnöten, konnte günstig einen großen Posten braunen Stoffs zum Schneidern ihrer Uniformen erwerben. Noch heute werden politische Gruppen mit antidemokratischen, rassistischen Zielen als »Braune« bezeichnet. Ein »Großer Brauner« ist hingegen was Feines: eine Spezialität von Wiener Kaffeehäusern.

Vom Tratschen und Streiten – und anderen Geselligkeiten

Warum sind Jugendliche oft so flegelhaft?

Flegel« ist ein schönes Wort, schöner noch als »Bengel«, »Rüpel« oder »Lümmel«. Interessant ist die Herkunft des Worts: von lateinisch »flagellum«, was Geißel oder Peitsche bedeutet. Es gelangte über den Dreschflegel, das alte bäuerliche Arbeitsgerät, in die althochdeutsche Sprache, wo dieses Gerät als »flegil« bezeichnet wurde. Ursprünglich war mit dem »Flegel« der Bauer selbst gemeint: der den Dreschflegel schwingt. Da der Bauernstand von jeher zu einer gewissen Derbheit und Grobheit neigte, diente mit der Zeit der Flegel allgemein zur Bezeichnung eines derben, ungezogenen Menschen, der vor allem auch sprachlich den Dreschflegel schwingt.

Als Flegeljahre bezeichnet man die schwierige jugendliche Entwicklungszeit, in der man sich gern wie ein Flegel benimmt. Das Wort »Flegeljahre« entstand bereits im 18. Jahrhundert, woran man sieht, dass die Jugend nicht erst in moderner Zeit dazu neigt, über die Stränge zu schlagen. Jugendliche können gar nicht anders; sie müssen so sein. Weshalb es unsinnig ist, sich über ihre Flegeleien aufzuregen oder gar einen so genannten Benimmunterricht an den Schulen zu fordern. Schließlich war jeder der Erwachsenen selbst mal ein Flegel, als er jung war. Wirklich ärgerlich sind nur die erwachsenen Flegel, und davon gibt es leider mehr als genug.

Was wir hier so locker hingeschrieben haben, wird inzwischen von der Gehirnforschung, die sich schon seit einigen Jahren dafür interessiert, was in den Köpfen von Teenagern vorgeht, als wissenschaftliche Tatsache formuliert: Jugendliche können nichts für ihre Flegelhafigkeit, sie sind selbst Opfer eines radikalen Umbaus von Hirnstrukturen, der mit der Pubertät einsetzt. Damit sind auch die Eltern ein Stück weit entlastet, denen man gerne vorwirft, durch allzu lasche Erziehung die Flegeleien mit zu verantworten. Nicht die schlechte Erziehung ist schuld, sondern die Biologie. Das Hirn eines Teenagers, so sagen die Hirnforscher, gleicht einer schlecht organisierten Baustelle. Da herrscht der reine Tumult, zeitweise ein einziges Chaos. Gerade mit Beginn der Pubertät setzt im menschlichen Gehirn eine rege Umbautätigkeit ein; diese geht einher mit einem regelrechten Wachstumsschub im Gehirn. Das betrifft vor allem den so genannten Stirnlappen des Gehirns, der für die Steuerung von Impulsen verantwortlich ist, vor allem auch für deren Hemmung. Der Umbau in diesem Hirnbereich bewirkt die gesteigerte Impulsivität der Jugendlichen. Diese führt oft dazu, dass ohne ersichtlichen Grund plötzlich Streit gesucht – und natürlich auch gefunden – wird, bis am Ende die Fetzen fliegen und die Türen knallen.

Bis vor einigen Jahren ging man noch davon aus, dass bereits in den ersten Lebensjahren das Gehirn »fertig« ist, dass also alle 100 Milliarden Nervenzellen (Neuronen) am richtigen Platz sitzen, wobei jede mit rund 10 000 anderen über Nervenfortsätze (Synapsen) verbunden ist. Alle weiteren Reifungen der Gehirnfunktion deutete man als Folge des Lernens. Heute weiß man mehr, freilich noch längst nicht alles. So weiß man zum Beispiel, dass unter dem Einfluss der Sexualhormone, die zu Beginn der Pubertät gebildet werden, eine zweite Wachstumsphase im Gehirn einsetzt. Besonders im Stirnlappen werden in dieser Zeit reichlich neue Nervenzellen produziert. Bei den Mädchen erreicht diese Neuproduktion ihren Höhepunkt mit etwa elf bis zwölf Jahren, bei den Jungs mit etwa dreizehn bis vierzehn Jahren. Dummerweise reift zur gleichen Zeit tief im Innern des Gehirns jener Bereich zur vollen Funktionsfähigkeit heran, der für die Gefühle zuständig ist und als limbisches System bezeichnet wird. Das heißt, der Jugendliche wird von einer Welle neuer, starker und verwirrender Gefühle regelrecht überrollt: Ärger, Wut, Neugier, Lust, Angst, Sucht nach Abwechslung und Nervenkitzel. Diese anbrandenden Gefühle kann er kaum kontrollieren, weil sich sein »Kontrollzentrum« im Stirnlappen gerade im Umbau befindet. Vor allem müssen dort die neu geknüpften Verbindungen zwischen den Nervenzellen erst noch mit einer Art

Schutzhülle versehen werden, vergleichbar mit einer Isolierschicht bei elektrischen Leitungen. Die Nerven der Jugendlichen liegen in dieser Entwicklungsphase also buchstäblich blank.

Erst jenseits der zwanzig erlangt das Gehirn seinen endgültigen Feinschliff. Damit kommt der Jugendliche auch wieder in ein ruhigeres Fahrwasser. Das Durcheinander im Teeniehirn in den Jahren davor erklärt so manche Eigenarten in den jugendlichen Lebensäußerungen, die man als Erwachsener nur schwer versteht. Man hat weitgehend vergessen, dass man in seiner eigenen Jugend genauso war. Den Eltern sei neben Gelassenheit, Geduld und Gottvertrauen also vor allem geraten, sich an die eigene Pubertät zu erinnern.

Warum kann Fernsehen süchtig machen?

Im Prinzip kann alles süchtig machen, sogar die schönsten, reinsten und harmlosesten Dinge des Lebens. Das hat damit zu tun, dass im menschlichen Gehirn eine Art Belohnungssystem am Werk ist. Die Belohnung besteht in positiven Gefühlen, im besten Fall im Erleben höchsten, rauschhaften Glücks. Dafür sind Glückshormone verantwortlich, die bei starken positiven Erlebnissen im Gehirn ausgeschüttet werden. Freilich sind die Menschen unterschiedlich veranlagt. Was dem einen Glücksgefühle bereitet, kann beim andern Unwohlsein hervorrufen oder ihn einfach nur langweilen.

Sucht stellt sich dann ein, wenn man die Kontrolle über Tätigkeiten verliert, die einen in Glückszustände versetzen. Man merkt nämlich, dass einen nach dem Erleben des Glücks eine unangenehme Leere befällt. Man fühlt sich schlecht, man langweilt sich mit sich selbst. Man will das Glück immer wieder aufs Neue erleben, in immer kürzeren Abständen. Man wird abhängig vom Glück – und damit ist es keines mehr.

Nicht nur chemische Substanzen, also Drogen, können süchtig machen, sondern ganz normale alltägliche Beschäftigungen, selbst solche, die gemeinhin als sinnvoll betrachtet werden. Es gibt Menschen, die süchtig danach sind zu arbeiten, Sport zu treiben, einzukaufen, zu essen usw. Andere werden magisch von Spielautomaten angezogen, wieder andere sammeln alles Mögliche und Unmögliche und können nicht mehr damit aufhören. Eine Abhängigkeit entsteht. Darunter versteht man eine seelische Störung, bei der der Betroffene einen großen Teil seiner Zeit mit dem Konsum des Suchtmittels verbringt. Er konsumiert es häufiger, als er eigentlich will; er schafft es nicht, den Konsum einzuschränken. Wird er davon abgehalten, leidet er unter so genannten Entzugserscheinungen; er leidet am Fehlen des Suchtmittels.

Eine unter den vielen Süchten fällt durch ihre Allgegenwart in allen Altersgruppen aus der Reihe, die beliebteste Freizeitaktivität der Welt, die bei genauerem Hinsehen eine einzige Freizeitpassivität ist: das Fernsehen. Nun ist fernsehen an sich eine vollkommen harmlose Untätigkeit, also im Prinzip nichts anderes als Radio hören, in einer Zeitschrift blättern oder aus dem Fenster (fern-)sehen. Fernsehen hat ja durchaus auch seine guten Seiten: Es kann informieren, belehren, unterhalten, es kann sogar hohen künstlerischen Ansprüchen genügen und nicht zuletzt für die Zerstreuung der Gedanken sorgen.

Das Fernsehen wird erst dann zum Problem, wenn's zu viel wird. Und das geht sehr schnell, wenn man nicht aufpasst. Denn Fernsehen ist so gestaltet, dass es den Menschen ganz von selbst in seinen Bann zieht. Schuld daran ist gar nicht mal so sehr das Fernsehen, sondern die Biologie des Menschen. Es gibt da nämlich eine so genannte Orientierungsreaktion, die der russische Physiologe Iwan Pawlow (1849–1936) als Erster entdeckt und beschrieben hat. (Die Physiologie ist die Lehre von den Lebensvorgängen in Pflanzen, Tieren und Menschen). Mit »Orientierungsreaktion« ist gemeint, dass Tiere und Menschen sich instinktiv über die Augen und Ohren (bei Tieren auch über die Nase) einem plötzlichen unbekannten Reiz zuwenden. Diese Orientierungsreaktion nutzt zum Beispiel ein Polizei- oder Feuerwehrauto, wenn es mit blinkendem Blaulicht und auffälligem Tonsignal im Einsatz ist. Jeder achtet darauf, schaut, wo es herkommt, konzentriert sich kurzzeitig ganz darauf.

In gewissem Sinne ist der eingeschaltete Fernsehapparat mit dem Aufmerksamkeit heischenden Polizeiauto wesensverwandt. Fährt ein solches mit Blaulicht und Martinshorn an uns vorbei, müssen wir einfach hinschauen – das ist biologisch in uns einprogrammiert. Bei einem laufenden Fernsehgerät erleben wir das Gleiche. Das Dumme ist nur: Das Polizeiauto ist irgendwann vorbeigefahren, der Fernseher hingegen läuft und läuft. Man könnte ihn natürlich ausschalten – aber gerade dazu ist man meistens nicht in der Lage. Weshalb man von Fernsehsüchtigen oft die Klage hört: »Ich will ja gar nicht so viel in die Glotze gucken, aber ich kann's einfach nicht lassen.« Oder: »Ich sitze wie hypnotisiert vor dem Kasten, seh mir den langweiligsten Käse an, bring's aber nicht fertig, auszuschalten. Oder ich bring's fertig, aber nach einer halben Stunde läuft er schon wieder.«

Auch die Passivität vor der Glotze, in die man so leicht versinkt, hat biologische Ursachen: Wenn eine typische Orientierungsreaktion eintritt, erweitern sich jene Blutgefäße, die zum Gehirn führen, während sich die Blutgefäße, die große Muskelgruppen versorgen, zusammenziehen. Das Herz schlägt langsamer. Das Gehirn intensiviert die Arbeit, es konzentriert sich vor allem auf die Aufnahme zusätzlicher Informationen, während der restliche Körper ruht, ja regelrecht abschlafft.

Im Menschen ist also von Natur aus eine Art Gefahrensensor eingebaut, der ja auch wichtig ist, um auf plötzliche Gefahren angemessen reagieren zu können. Dieser Orientierungssensor, der seit Millionen Jahren in unserem Gehirn funktioniert, ist leider nicht in der Lage, zwischen überraschenden Bewegungen in der Wirklichkeit und solchen auf der Mattscheibe oder der Kinoleinwand zu unterscheiden. In der Wirklichkeit ist es ja so, dass wir nicht ständig mit überraschenden Bewegungen und Geräuschen, die Gefahr bedeuten könnten, zu tun haben. Doch beim Fernsehen, besonders in Werbespots, Musikvideos, Actionfilmen, werden wir pausenlos mit plötzlichen Bewegungs- und Geräuschwechseln konfrontiert. Die Bilder wechseln oft im Sekundentakt. Dadurch bleibt die Orientierungsreaktion in unserem Gehirn pausenlos aktiviert. Unsere Aufmerksamkeit ist so ständig gereizt – und schließlich überreizt. Versuche haben gezeigt, dass selbst Babys von den unruhigen Tönen und schnell wechselnden Bildern unwiderstehlich angezogen werden.

Die Hektik der Bilder wird also bewusst eingesetzt, um uns vor der Mattscheibe zu halten. Und wir selbst tun noch das unsere dazu, indem wir sofort den Sender wechseln, wenn uns ein Programm zu langweilen beginnt. Wir selbst reizen unsere Orientierungsreaktion durch ständigen Programmwechsel. Es soll Menschen geben, die nur noch »zappend« fernsehen können.

Während also die Orientierungsreaktion beim Fernsehen unablässig aktiv ist, verharrt unser Körper im Zustand der Erschlaffung. So bleibt der Zuschauer zwar gefesselt, fühlt sich körperlich jedoch müde und erschöpft. Kinder berichten sogar von Benommenheit und Übelkeit nach längerem Fernsehkonsum. Erschöpft zu sein ist an sich nichts Schlechtes – wenn man dafür auch etwas geleistet hat. Man ist dann erschöpft, aber auch zufrieden. Nach langem Fernsehen ist man erschöpft, aber unzufrieden, weil man nichts getan hat. Eine seelische Belohnung bleibt aus.

Die so entstehende Unlust und die Unzufriedenheit mit sich selbst wären eigentlich Grund genug, nun mit dem Fernsehen aufzuhören. Aber das geht nicht so einfach. Wird der Fernsehkonsum nämlich eingestellt, stellen sich, ähnlich wie bei einer Drogensucht, Entzugserscheinungen ein: Unruhe, Gereiztheit, Aggressivität, Depression – und die Unfähigkeit, mit der frei werdenden Zeit etwas Sinnvolles anzufangen. Die Vorahnung, dass sich mit dem Ausschalten des Fernsehapparats sogleich Unwohlsein einstellen wird, ist schon ein Grund, nicht auszuschalten. Fernsehen verlangt nach weiterem Fernsehen. Man vergeudet mit dem Fernsehen so viel kostbare Zeit, und mit der Zeit, die einem bleibt, vermag man auch nichts mehr anzufangen. Das Fernsehen ist ein besonders skrupelloser Zeitdieb: Er greift gleich zweimal zu.

Warum tratscht der Mensch so gern?

Der Kaffeeklatsch, sagt man, sei eine weibliche Erfindung. Das heißt weiß Gott nicht, dass den Männern Klatsch und Tratsch fremd wären. Dagegen spricht allein schon die Existenz von Stammtischen, an denen ja nur nebenbei die hohe Politik auf niedrigem Niveau diskutiert wird. Auch dort geht es hauptsächlich um das Neueste aus der Nachbarschaft. Freilich wird stets nur über jene Nachbarn getratscht, die gerade nicht anwesend sind. Damit ist aber auch schon das Wesen des Tratsches benannt: über andere das sagen, was man in ihrer Gegenwart niemals zu sagen wagte – und über andere das erfahren, was niemanden etwas angeht. Dabei hat das Tratschen meist die unangenehme Tendenz, ins Verleumderische abzugleiten, in die üble Nachrede. Das ist die große Gefahr beim Tratschen.

Dabei sollte uns, während wir selber tratschen, bewusst sein, dass wir schon morgen Gegenstand des Klatsches anderer sein können, vielleicht sogar derer, mit denen wir eben noch so angeregt tratschten.

Die Religionen haben Klatsch und Tratsch von jeher als ein sündhaftes Vergiften des sozialen Miteinanders gebrandmarkt. Daher rührt vielleicht auch das schlechte Gewissen, das so mancher Tratscher insgeheim empfindet. Aber das muss er nicht, sagt die Wissenschaft. Sie will nämlich herausgefunden haben, dass sich Gerüchte und Klatsch in der Menschheitsgeschichte durchaus als Vorteil erwiesen haben und deshalb in unserem Gehirn genetisch verankert sind. In der gefahrvollen Frühzeit der Menschheit war das Verbreiten von Informationen wichtig fürs Überleben. Auch konnte derjenige, der ein Geheimnis, erst recht ein negatives Geheimnis, über ein höheres Stammesmitglied wusste, Vorteile aus diesem Wissen ziehen und so seinen eigenen Rang in der Gemeinschaft verbessern.

In einem Test mit über hundert Personen konnte diese Erklärung bestätigt werden: Man bat die Testpersonen, eine Reihe von Klatschblättern der so genannten Boulevard-Presse zu lesen. Anschließend wurden sie gefragt, an welche Meldungen sie sich erinnerten. Tatsächlich hatten die Männer solche Meldungen mit dem größten Interesse gelesen, in denen es um Verfehlungen männlicher Berühmtheiten aus Politik, Kultur oder Sport ging. Die Frauen lasen am liebsten Negatives über berühmte Geschlechtsgenossinnen. Was den Tratsch betrifft, so hat sich also seit der Steinzeit nicht viel geändert: Am interessantesten sind Informationen, die berühmte (=ranghöhere) Personen in einem schlechten Licht erscheinen lassen. Solche Informationen gibt man dann gern weiter, um den Schaden für den Verunglimpften noch größer zu machen – und damit den eigenen Rang wenigstens im Geiste zu verbessern.

Doch wie alles im Leben, so hat auch der Klatsch zwei Seiten: neben der negativen auch eine positive. So suchen wir nicht nur Schlechtes über unsere Rivalen oder Feinde zu erfahren und weiterzugeben, sondern auch Gutes über unsere Freunde – um ihnen so zu helfen. Das setzt freilich voraus, dass wir uns in all dem Getratsche noch Freundschaften bewahren konnten.

Warum gibt es am Familientisch oftmals Streit?

In einer durchschnittlichen deutschen Familie (1 Mutter, 1 Vater, 1,3 Kinder) gibt es zwei soziale Energiezentren, ein negatives und ein positives. Das negative ist der Fernsehapparat, der das soziale Miteinander in der Familie schwächt. Mag die Familie auch noch so gesellig vor der Glotze sitzen – zwischen den einzelnen Familienmitgliedern passiert während des Fernsehens fast nichts. Geht das Gerät mal kaputt, läuft die Familie umher wie eine Schar kopfloser Hühner – und setzt alles daran, dass die Reparatur möglichst schnell zu Stande kommt.

Anders das Zusammensein bei Tisch. Gemeinsames Essen stärkt die Familie, so behaupten zumindest die Familientherapeuten. Die Soziologen stimmen ihnen sofort zu und betonen, dass das gemeinsame Essen im Kreis der Familie zu den wenigen noch stabilen Werten in unserer Gesellschaft zählt. Es gilt als Inbegriff des Zusammenseins; es vermittelt Geselligkeit, Geborgenheit und Genuss in einem – falls das Essen allen schmeckt. Wehe, einer mäkelt am Essen herum! Schon macht sich schlechte Stimmung breit.

Das gemeinsame Familienessen als stabiler Wert in unserer zerfleddernden Gesellschaft? Schön wär's, wenn's so wäre. Doch schon die eigene Erfahrung mit dem Familientisch lässt Zweifel an der Richtigkeit dieser Sichtweise aufkommen. Das gemeinsame Essen ist doch auffallend oft von Missstimmung und Herumgenörgle, manchmal sogar von heftigem Streit geprägt. Als Nachtisch gibt es den Zankapfel.

Aber warum ist das so? Eine Antwort geben uns die Verhaltensforscher – und lassen die Familientherapeuten dumm aussehen: weil Essen, genauer: das Fressen, seinem Ursprung nach keine friedliche Tätigkeit ist. Essen und Fressen haben mit Überleben zu tun, was wir, die wir im Überfluss leben, gerne vergessen. Es scheint, dass im

Menschen ein urzeitliches Erbe wirksam ist, das in Essenssituationen an die Oberfläche drängt. In der menschlichen Urhorde war es wohl so, dass die Nahrung nicht gleichmäßig auf die Mitglieder verteilt wurde, sondern nach dem Rang, den der Einzelne in der Gruppe einnahm. Vortritt genoss der Anführer – wie im Löwen- oder Wolfsrudel.

Nun ist eine moderne Familie mit ihren 3,3 Mitgliedern gewiss nicht mit einer menschlichen Urhorde oder gar einem Wolfsrudel zu vergleichen – dennoch lebt in unseren tiefsten Seelenschichten der Wolf fort, erst recht der Affe, mit dem wir einen gemeinsamen Vorfahren haben. Oder anders: Am Familientisch sitzt schattenhaft noch immer die Urhorde, in der unsere Vorfahren einst lebten. So gibt es selbst heute noch Familien, in denen der Vater das größte und beste Stück Fleisch auf den Teller bekommt – die typische Gepflogenheit eines Löwenrudels! Heutzutage wird an deutschen Sonntagstischen zwar nicht mehr um die besten Fleischstücke gekämpft und niemand verteidigt seine Portion mit Knurren und Zähnefletschen, aber dafür wird gern stellvertretend über anderes gestritten, etwa über Schulnoten (schlechte, versteht sich), familiäre Pflichten (die der Kinder, versteht sich), Sonntagsausflüge (die langweiligen, versteht sich), Taschengeld (das zu knappe, versteht sich), Tischmanieren (die schlechten der Kinder, versteht sich, wobei die der Eltern meist auch nicht besser sind) etc. Die Psychologen sprechen von »Übersprungshandlungen«, das heißt: Es geht bei dem Streit insgeheim immer um die Wurst – auf dem Teller des andern. Keiner kann sich dem entziehen, denn am gewöhnlichen deutschen Familientisch herrscht Sitzzwang: Sitzen bleiben, bis alle fertig sind mit dem Essen! Die Ausnahme: wenn's Telefon klingelt! Noch etwas anderes wird den Kindern von früh auf eingetrichtert: »Sitz gerade!« Darin könnte man den Versuch des elterlichen Alphatiers (=Vater) sehen, die Brut auf Distanz zu halten. Tatsächlich haben die Väter ja meistens die flegelhafteste Körperhaltung bei Tisch.

Das Problem verschärft sich noch an den Sonntagen. Der Ordnung schaffende werktägliche Trott gerät dann aus dem Rhythmus.

Der Sonntag wird so für die Familie zum gefährlichsten Wochentag. Sonntagsruhe ist nicht jedermanns Sache, weshalb viele Menschen gerade sonntags die hektischsten Aktivitäten entfalten, um den drohenden, von der Langeweile genährten Konflikten zu entgehen. Langeweile schafft Gereiztheit. Dabei könnte alles so einfach sein, wenn man den Sonntag als das begreifen würde, was er sein soll: Tag der Ruhe und des Müßiggangs. Denn insgeheim sehnen wir uns nach Ruhe und Nichtstun, nach der »heiligen Stille der echten Passivität«, wie der Dichter Friedrich Schlegel es nannte.

So ist die gemeinsame Familienmahlzeit, und hier besonders das Sonntagsmahl, eine echte Herausforderung an das, was wir Kultiviertheit nennen. Bei Tisch werden Verhaltens-Schutzmauern gegen tief wurzelnde Urinstinkte errichtet, zu denen wohl auch der Kannibalismus zählt, dem der Frühmensch frönte. Wir versichern einander bei Tisch insgeheim, dass wir uns nicht gegenseitig auffressen werden, sondern nur das verzehren wollen, was auf den Tellern und in den Schüsseln liegt. Tischsitten, Essmanieren, Tischgebete und die allgemeine Überbewertung der »Familienmahlzeit« erzeugen eine Spannung, die oft nur durch Zank und Streit abgeführt werden kann. Andererseits sollte man darin auch etwas Positives sehen: Eine Familie, die diese alltägliche Herausforderung meistert, kann mit Recht als eine starke Familie bezeichnet werden. Wenn es stimmt, dass der Mensch ist, *was* er isst, so gilt für die Familie: Sie ist, *wie* sie isst.

Warum flirtet der Mensch?

Das englische Wörtchen »flirt« ist längst Teil unseres deutschen Wortschatzes geworden. Ursprünglich ist in der englischen Sprache damit Folgendes gemeint: »schnell hin und her werfen, hin und her bewegen, wippen, flattern, springen«. Diese Tätigkeiten weisen direkt auf den übertragenen Sinn des Wortes: liebäugeln, also Blicke hin und her werfen, kokettieren. Das Wort »kokettieren« wiederum ist französischen Ursprungs. Man hört darin den Lockruf des Federviehs: »Kok-kok«.

Die Frage, warum geflirtet wird, ist leicht zu beantworten: um auf sich aufmerksam zu machen. Mit Blicken, Gesten und klimpernden Wimpern, vor allem aber mit einem Lächeln oder Kopfnicken soll signalisiert werden, dass man für eine Begegnung durchaus offen ist. Ein Flirt ist der Hauch eines Versprechens – mehr aber auch nicht.

Diesen Versprechenshauch gibt meistens das Mädchen. Als solches muss man das Flirten nicht extra erlernen; es scheint in den weiblichen Genen festgeschrieben zu sein. Zwar hat man als Junge durchaus die Möglichkeit, seinerseits eindeutige Zeichen zu geben, doch die Führung im Flirt hat meistens das Mädchen.

Als Junge sollte man sich vor allem nicht der Illusion hingeben, dass das viel versprechende Lächeln eines Mädchens schon wirkliches Interesse bedeuten würde. Nein, Mädchen flirten gern um des Flirts willen; sie wollen einfach testen, ob ihre Signale auch Wirkung zeigen. Mädchen flirten also durchaus mit Jungs, die sie gar nicht interessant und anziehend finden. Das muss man wissen, um sich vor Enttäuschungen zu bewahren.

So kommt es, dass in mehr als zwei Dritteln der Flirt-Fälle die Mädchen den ersten Schritt machen, oder besser: den ersten Wink geben. Dabei gehen sie oft so geschickt vor, dass der Junge meint, er sei es, der die Initiative ergriffen hat. Mag der Junge nun alles Mögliche versuchen, um das Mädchen für sich einzunehmen, so ist seine Liebesmüh letztlich nicht entscheidend. Wenn es wie eine Mühe erscheint, also aufgesetzt und verkrampft wirkt, ist ohnehin schon alles verloren. Man darf nicht flirten wollen, genauer: als Junge darf man es nicht. Im Gegensatz dazu kann das Mädchen einen Flirt sogar mit einem albernen oder banalen Satz beginnen, ohne abzublitzen. Denn die meist sehr schüchternen Jungs sind ja grundsätzlich froh, wenn sie überhaupt von einem Mädchen angesprochen werden. (Hier spricht die Erfahrung des, zugegeben schon etwas angegrauten, Autors!)

Noch ehe sich der Junge ins Zeug legt, ist für das Mädchen schon klar, ob er Erfolg haben wird. Die männlichen Flirt-Anstrengungen, das hat man in Tests herausgefunden, sind im Grunde unerheblich, denn schon nach wenigen Sekunden weiß ein Mädchen, ob ein Junge ihm gefällt oder nicht. Damit ist die Frage, ob ein Flirt Erfolg hat, meist schon entschieden, ehe er beginnt.

Also nochmals: Warum flirten wir? Weil es halt einfach ein reizendes Spiel ist zwischen den Geschlechtern. Die Regeln des Spiels bestimmen die Mädchen und auch über Sieg oder Niederlage des Jungen entscheiden meist sie allein. Doch hinter dem Flirt-Spiel verbirgt sich auch ein biologischer Ernst, behaupten zumindest die Wissenschaftler. Und dieser Ernst heißt – was sonst? – Fortpflanzung. Der biologische Ernst bestätigt die führende Rolle, die das weibliche Geschlecht beim Flirten innehat. Denn seit Urzeiten ging die Frau bei der Partnersuche ein größeres Risiko ein als der Mann, weil sie, zumindest vom biologischen Standpunkt aus, mehr in den Nachwuchs investiert. Zudem bestand für sie immer die Gefahr, dass der Mann, wenn er ein Hallodri ist, sie verlässt und mit den Kindern allein lässt. So mussten unsere weiblichen Vorfahren genau prüfen, auf wen sie sich einließen. Der Flirt ist das Überbleibsel einer urzeitlichen Partnerprüfung, die sich im Lauf der Menschheitsgeschichte immer mehr zum reizvollen Gesellschaftsspiel hin verselbstständigt und verfeinert hat. Mit dem ursprünglichen Zweck hat es nichts mehr zu tun.

Warum lügt der Mensch?

Lügen haben kurze Beine, sagt ein Sprichwort. Das soll heißen: Man kommt mit Lügen nicht weit im Leben. Dieser erzieherische Ratschlag, hinter dem das biblische neunte Gebot (»Du sollst nicht falsch Zeugnis reden wider deinen Nächsten«) sich drohend erhebt, ist aber selbst eine Lüge. Gerade von den Erfolgreichsten und Berühmtesten der Menschheitsgeschichte weiß man, dass ihr Erfolg ohne die Lüge kaum möglich gewesen wäre. Sprichwörter, die die Ehrlichkeit einfordern, sind von jeher für die Untertanen gedacht gewesen. Ob die sich daran halten, bleibt allerdings fraglich.

Nein, eigentlich ist es nicht fraglich. Das neunte Gebot, von Gott höchstpersönlich in Stein gemeißelt, hat im Christentum nie viel gegolten – aus einem einfachen Grund: Das wenig christliche Leben zwingt den Menschen geradezu zur Lüge. Die Lüge, so scheint es, ist fester Bestandteil des menschlichen Daseins. Das hat im Grunde auch die Bibel so gesehen: Adam und Eva, die ersten Menschen, tischten Gott eine Lügengeschichte auf, die freilich ihren Zweck nicht erfüllte. Sie hatten vom verbotenen Baum der Erkenntnis gegessen und danach versucht, diesen Frevel vor Gott zu verheimlichen, weil sie schlimme Folgen befürchten mussten. Es hatte sich wohl noch nicht herumgesprochen, dass Gott allwissend ist.

Doch die Bibel sagt noch mehr: Die Lüge ist dem Menschen angeboren, fast möchte man sagen, sie ist ihm von Gott mit auf den Weg gegeben worden. Jeder Mensch schwindelt, verheimlicht, lügt und betrügt. Jeder, ohne Ausnahme! Wer dem widerspricht, ist entweder ein Heiliger oder – ein Lügner.

Die Wissenschaft bestätigt zu unser aller Entlastung diese mythologische Sichtweise: Täuschung und Schwindelei begleiten uns durchs Leben. Psychologen haben ganz alltägliche Gespräche zwischen Menschen auf Tonband aufgezeichnet und anschließend auf

Unwahrheiten hin untersucht. Ergebnis: Selbst die ehrlichsten Versuchsteilnehmer logen, und zwar durchschnittlich einmal in sieben Minuten. Dabei handelte es sich meist nur um kleine Lügen, doch kleine Lügen sind auch Lügen. Geht man davon aus, dass wir im Schlaf nicht lügen, so kommt man pro Tag auf weit über 100 Lügen, vorausgesetzt, wir haben sehr viel mit anderen Menschen zu tun, was für kleine, unbekannte Schriftsteller wie unsereins nicht gilt, weil wir die meiste Zeit einsam am Schreibtisch verbringen. Wir bringen die Lügen aufs Papier. Und nicht zu vergessen: Man kann sich auch selbst belügen.

Zu den Berufsgruppen, in denen naturgemäß am meisten gelogen wird, gehören – nach Auskunft der Psychologen – die Psychologen, Lehrer, Verkäufer, Politiker, Journalisten, Anwälte, Krankenschwestern, Arzthelferinnen und Ärzte – also Menschen mit zahlreichen sozialen Kontakten.

Jeder kennt das: Auf die Gewohnheitsfrage »Wie geht's?« antwortet man stets und fast schon automatisch mit »gut« (wenn's erträglich ist) oder »es geht« (wenn man in tiefer Depression steckt), seine Unpünktlichkeit schiebt man auf den zähen Straßenverkehr, und für alle anderen Fehler, die man so hat, findet sich auch leicht die passende Ausrede. Die kleine Lüge erleichtert einfach vieles im Leben.

Soll sich nun der Mensch für seine Verlogenheit schämen? Mitnichten, sagen die lügnerischen Psychologen, wobei ihnen die Soziologen zustimmen. Täuschung – und die Lüge ist nur deren schärfste Form – ist zentraler Bestandteil des menschlichen Lebens. Ohne Flunkern, Vortäuschen, Übertreiben, Lügen würde das soziale Miteinander gar nicht funktionieren. Das Miteinander würde schnell zum Gegeneinander. Würden alle einander stets die Wahrheit sagen, wäre jeder für den andern unerträglich. Die Lüge hat also durchaus ihr Gutes, ja, sie ist überhaupt mehr im Reich des Guten als des Bösen anzusiedeln.

Wer seinen Kindern oder Schülern das Lügen auszutreiben versucht, vergisst, dass er selbst ständig lügt. Er verlangt also etwas, das er selber nicht zu leisten im Stande ist. Und ohnehin schädigt er mit dieser Verteufelung der Lüge das Gemeinwohl. Darüber hinaus entspringt die Lüge keiner Neigung zum Bösen, wie uns das Bibelgebot einreden will, sondern ist ein elementarer Bestandteil unserer sozialen Intelligenz, also der Fähigkeit, mit anderen Menschen einigermaßen friedvoll auszukommen. Die besondere Lügenform der üblen Nachrede ist freilich abzulehnen. Übrigens bemühte Gott selbst eine Notlüge, als Moses ihn nach seinem Namen fragte, indem er zur Antwort gab: »Ich bin, der ich sein werde.«

So dient die kleine Notlüge, etwa über das versalzene Essen des Gastgebers, dem friedlichen Zusammenleben mehr als die harte Wahrheit. Die Notlüge entspringt ja dem durchaus liebenswerten Wunsch, den Mitmenschen mit der Wahrheit nicht bloßzustellen. Oft lügt man auch, um dem andern eine Freude zu machen und sein Selbstwertgefühl zu stärken. Man lobt, wo es objektiv betrachtet nichts zu loben gibt.

Nun soll freilich nicht verheimlicht werden, dass die Lüge immer auch dem Lügner selbst zugute kommt, zumindest so lange, wie die Lüge nicht auffliegt. Weil man ja auch in gewisser Konkurrenz zu anderen Menschen lebt, gerade in Schule und Beruf, ebenso in der Familie, ist man geneigt, sich selbst in möglichst gutem Licht darzustellen und seine Interessen zu vertreten – auch mit den Mitteln der Täuschung und Lüge. In dieser Hinsicht tun sich vor allem die Männer hervor; sie wollen stets mehr scheinen, als sie sind. Das ähnelt dem Verhalten mancher männlichen Tiere, die sich vor dem anderen Geschlecht oder vor Nebenbuhlern aufplustern, um größer zu wirken, als sie sind. Frauen hingegen schwindeln in Gesprächen eher mit der Absicht, das Wohlbefinden ihres Gegenübers zu fördern. Dafür lügen alle Frauen mit ihrer Schminke, durch die sie noch schöner sein wollen, als sie eh schon sind. Überhaupt ist die Mode die größte Lüge der Frauen.

Ohne die Lüge könnte man sich in der menschlichen Gesellschaft vermutlich nur schwer behaupten. Auch die in Horden lebenden Schimpansen benutzen die Verstellung und Täuschung, um ihren Rang in der Gruppe zu halten oder, wenn möglich, zu verbessern. Das eigene Lügen, zur wahren Kunst entwickelt, hat auch den Vorteil, dass man die Täuschungsmanöver der andern, weil es die eigenen sind, leichter durchschaut. Man lernt auf diese Weise, sich in das Innenleben der andern hineinzuversetzen.

In der Menschheitsgeschichte hat dieser stete Kampf zwischen Lüge und Entlarvung, dieser äußere Druck, immer raffinierter schwindeln und lügen zu müssen, erst die soziale Intelligenz, also die Kunst des Miteinanders, entstehen lassen. Die geschickte Lüge muss also durchaus dem Bereich der menschlichen Kreativität zugeordnet werden. Gut zu lügen ist somit als eine soziale Begabung einzustufen.

Wo die Lüge einen andern Menschen schädigt, ist sie selbstverständlich abzulehnen. Denn eine Gesellschaft muss auch darauf achten, dass sie nicht eine durch und durch verlogene Gesellschaft wird. Lüge und Wahrheit müssen sich die Waage halten. Die große Gefahr bei der Lüge besteht darin, dass sie am Ende sogar zu sozialem Ansehen führt und dass jene, die die Lügner entlarven, sich schnell unbeliebt machen und zu Außenseitern werden. So hat zum Beispiel eine Untersuchung an amerikanischen Schulen gezeigt, dass Jugendliche, die die Aufschneidereien und Schwindeleien anderer sehr genau wahrnehmen und offen legen, bei ihren Mitschülern und den Lehrern eher unbeliebt sind. Im Gegensatz dazu sind die Schwindler, sofern sie gut schwindeln, besonders beliebt und auch erfolgreich.

Lügen haben lange Beine. Allzu lang sollten sie aber auch nicht sein, sonst läuft man Gefahr, zu straucheln. Alle Menschen lügen. Ist diese Aussage nun die Wahrheit oder selbst wieder eine Lüge?

Von Haarausfall und Mundgeruch – und anderen Gebrechen

Warum haben Menschen unterschiedliche Augenfarben?

Iris ist der Regenbogen. Die alten Griechen stellten sie sich als Göttin mit schnellen Füßen, aber auch mit großen Flügeln vor. Sie ist als Botin unterwegs, ähnlich wie ihr Götterkollege Hermes. Oder anders gesagt: Iris ist »angelos«, ein Engel.

Als Iris bezeichnet man auch die farbige Regenbogenhaut unserer Augen. Deren lockeres Gewebe zeigt, wie der Name schon andeutet, die unterschiedlichsten Farbnuancen. Diese werden vererbt, sind also genetisch festgeschrieben. Interessant dabei ist, dass alle Menschen mit blauen Augen geboren werden, der Farbe des Himmels, so könnte man sagen. Tatsächlich entsteht die blaue Farbe der Baby-Augen auf ähnliche Weise wie die Farbe des Himmels: Vor dem schwarzen Hintergrund der Augen-Netzhaut (genauer: des Pigmentepithels) erscheint die an sich farblose Iris blau. Denn das einfallende Licht wird gebrochen, wobei hauptsächlich die kurzwelligen blauen Lichtanteile zurückgestreut werden – der gleiche Effekt, der auch die farblose Erdatmosphäre vor dem schwarzen Hintergrund des Alls blau erscheinen lässt.

Viele Menschen, vor allem in Europa und Nordamerika, behalten die blaue Augenfarbe ihr Leben lang. Bei den anderen lagern sich im Alter von sechs Wochen bis zu etwa einem Jahr Zellen mit dem Farbstoff Melanin in die Iris ein; diese kommen in gelben, braunen oder schwarzen Varianten vor. Die Iris kann sich dabei, je nach Gewebedichte und Melaninkonzentration, grau, grün, hellbraun oder dunkelbraun färben. Eine sehr hohe Melaninkonzentration ergibt fast schwarze Augen; entsprechend haben solche Menschen auch dunkles Haar und dunkle Haut, denn auch die Farbe von Haut und Haar wird durch den Anteil von Melanin bestimmt. Schwache Melaninkonzentration färbt die Iris grün bis grau oder es bleibt beim Blau des Neugeborenen. Manchmal sieht man Menschen mit roten Augen. Diese Rotfärbung beruht auf einer vererbten Pigmentstörung, die als Albinismus bezeichnet wird. Durch Lichtreflexion an den Blutgefäßen hinter dem Auge entsteht die auffällige Rotfärbung. Auch Haut und Haare dieser Menschen weisen die Pigmentstörung auf und sind deshalb weiß, also ohne jeden Melaninanteil. Ganz selten trifft man sogar auf Menschen, die zwei unterschiedliche Augenfarben haben.

An der Vererbung der Augenfarbe sind gleich mehrere Gene beteiligt, von denen die Forscher bisher drei genauer untersucht haben. Wie es zu den feinen Farbunterschieden kommt, ist noch weitgehend unklar. Da mischen wohl sehr viele Gene mit, und das ist insofern erstaunlich, als die Augenfarbe biologisch ohne Bedeutung ist.

Warum gibt es Menschen mit dunkler und solche mit heller Haut?

Die Natur mag die Einfalt nicht, sie bevorzugt die Vielfalt. Jedes Lebewesen, auch wenn es verwandtschaftlich mit anderen eng verbunden ist, also einer bestimmten Art, Familie und Gattung angehört, ist doch einmalig. Beim Menschen sind nicht einmal eineiige Zwillinge vollkommen gleich, obwohl sie exakt das gleiche Erbgut besitzen.

Früher wurden Hautfarbe und Rasse einander gleich gesetzt, doch spätestens seit den Entdeckungen der Genforscher wissen wir, dass der Begriff »Rasse«, auf den Menschen bezogen, vollkommen unsinnig ist. Es gibt keine menschlichen Rassen. Diese Erkenntnis hat sich leider noch nicht im allgemeinen Denken festgesetzt und erst recht nicht in den Hohlköpfen von Rassisten. Statt von Rassen spräche man besser von Menschengruppen, die mehr oder weniger eng miteinander verwandt sind. Die Hautfarbe sagt jedoch über biologische Verwandtschaften fast gar nichts aus. Man kann als weißhäutiger Deutscher mit einem Menschen dunkler Hautfarbe genetisch näher verwandt sein als mit dem ebenfalls weißhäutigen Nachbarn von nebenan.

Dennoch hat die Natur nicht einfach so zum Spaß unterschiedliche Hautfarben geschaffen; alles, womit die Evolution die Lebewesen ausgestattet hat, hat seinen Nutzen. Die Hautfarbe ist in erster Linie eine Antwort des Organismus auf unterschiedliche klimatische Verhältnisse auf der Erde. Dunkelhäutige Menschen leben in Äquatornähe, wo die Sonneneinstrahlung am intensivsten ist, hellhäutige leben in den höheren Breiten.

Da die Wiege der Menschheit in Afrika stand, kann man davon ausgehen, dass unsere ersten Vorfahren dunkelhäutig waren. Hellere Hautfarben stellen also eine Anpassung an veränderte Lebensverhältnisse dar. Schwarz ist die ursprüngliche Hautfarbe des Menschen.

Durch das Verschwinden des Fells traf die Sonne auf die nackte Haut. Um sich vor der zerstörerischen UV-Strahlung im Sonnenlicht zu schützen, erzeugte die Haut mithilfe von pigmentbildenden Zellen dunkle Pigmente, die so genannten Melanine: große Moleküle, die die schädlichen UV-Strahlen abfangen – also ein natürliches, vom Körper selbst erzeugtes Sonnenschutzmittel.

Als der Homo sapiens nach und nach die ganze Welt besiedelte, passte sich die Haut den regionalen Lichtverhältnissen an. In Mittel- und Nordeuropa, wo die Sonne eher selten scheint, bedurfte es kaum solcher schützenden Melanine, weshalb die Haut der dort lebenden Menschen hell ist. Doch auch weiße Menschen besitzen Pigmentzellen, die zur Sommerzeit aktiv werden und unserer Haut einen bräunlichen Teint verleihen. Im Sommer sind also die meisten Weißen gar keine Weißen mehr, sondern Braune.

Nun hat aber zu viel UV-Licht nicht nur eine schädliche Wirkung auf die Haut, sondern es zerstört auch die lebenswichtige Folsäure im Blut, die zu den B-Vitaminen zählt. Dunkle Haut schützt also auch vor der Zerstörung der Folsäure. Andererseits ist UV-Licht auch wieder notwendig bei der Bildung von wichtigem Vitamin D in der Haut, das zum Beispiel beim Knochenaufbau mitwirkt. Unter der intensiven Sonneneinstrahlung in den Tropen nehmen die dort lebenden dunkelhäutigen Menschen immer noch genügend UV-Licht zur Bildung von Vitamin D auf. Doch in höheren Breiten ist die UV-Dosis bei dunkler Haut zu gering, ja, im Winter reicht selbst für hellhäutige Menschen das Licht nicht aus, um genügend Vitamin D zu produzieren. Deshalb sollten wir uns an sonnigen Wintertagen möglichst viel im Freien bewegen, um genügend Licht zu tanken.

Die Hautfarbe des Menschen hat sich im Lauf der Evolution je nach Region so eingependelt, dass sie gleich zwei entgegengesetzte Aufgaben gleichzeitig erfüllen kann: Schutz vor zu viel UV, das die Folsäure im Blut zerstört, und Durchlässigkeit von gerade so viel UV, dass genügend Vitamin D hergestellt werden kann.

Für hellhäutige Menschen, die in tropische Regionen auswandern, ergibt sich dadurch ein Problem: Ihre Haut ist für die Tropen nicht gedacht. Sie muss deshalb ganz besonders vor der Sonne geschützt werden, um sie vor schneller Alterung oder gar Hautkrebs zu bewahren. Umgekehrt leiden dunkelhäutige Menschen, die lange Zeit im lichtarmen Norden leben, auffallend oft an Rachitis und anderen Krankheiten, die auf Vitamin-D-Mangel beruhen. Von dem ohnehin geringen UV-Licht dringt fast nichts mehr in ihre Haut.

In der menschlichen Evolution waren großräumige Wechsel der Lebensorte in kürzester Zeit nicht vorgesehen. Schließlich brauchte Homo sapiens 100 000 Jahre, um von Afrika aus nach Europa oder Amerika zu gelangen – Zeit genug für die Haut des Menschen, sich über die Generationen hinweg an die regionalen Lichtverhältnisse anzupassen.

Warum ist der Geruchssinn des Menschen so schwach entwickelt?

Die Nase, so behaupten die Biologen, ist das ursprünglichste Sinnesorgan des Menschen. Und das sei auch der Grund, wieso sie im Vergleich mit Augen und Ohren so schlecht abschneidet; im Lauf der Evolution hat sie ihre Bedeutung eingebüßt. Ihre Wahrnehmungsmöglichkeiten haben sich auf ein bescheidenes Maß zurückgebildet. Gerade im Vergleich mit tierischen Nasen sind die Leistungen des menschlichen Riechorgans mit der Note »mangelhaft« noch wohlwollend bewertet. Sie reichen nicht mal aus, um uns vor Giftstoffen in der Nahrung zu schützen. Dabei ist gerade das die ursprünglichste und wichtigste Aufgabe des Riechorgans gewesen. Der Geruchs- und Geschmackssinn entstand bei unseren Vorfahren als Abwehrmechanismus gegen verdorbene und daher ungesunde Nahrung, die ja aus dem vielfältigen Angebot der Natur erst herausgefunden sein will. Was ist essbar und was nicht? – eine entscheidende Frage für jedes Lebewesen! Doch je mehr sich der Mensch kultivierte, also Kulturpflanzen und Nahrungstiere züchtete, desto unwichtiger wurde der chemische Sinn im Überlebenskampf des Menschen. Was sich aber als nutzlos erweist, wird von der Evolution nach und nach ausgemustert. Die dafür zuständigen Gene werden durch Mutation (= Veränderung der genetischen Information) stillgelegt. Das jeweilige Gen enthält ein so genanntes Stopp-Codon, eine Art Punkt an der falschen Stelle eines »Gen-Satzes«, der ihn unlesbar macht. Übrig bleibt ein funktionsloses »Pseudo-Gen«.

Ursprünglich besaß der Mensch etwa 1000 funktionsfähige Riechgene in seinem Erbgut, die die Bauanleitungen für die winzigen Riechrezeptoren auf den Sinneszellen der Nasenschleimhaut lieferten. Bei diesen Rezeptoren handelt es sich um spezielle »Antennen-Eiweiße«, die jeweils ganz bestimmte Duftstoffe an sich binden können. Davon gibt es mehrere hundert verschiedene Typen. Die Riechschleimhaut der Nase ist mit vielen Millionen Sinneszellen ausgestattet, die ganz aufs Riechen spezialisiert sind. Diese fahnden mit feinsten Härchen – Antennen, in denen die Riechrezeptoren sitzen – nach Düften in der Luft. Wie das genau funktioniert, ist bis heute ein Rätsel. Man weiß nur, dass ein Riechrezeptor aus einem langen Eiweißfaden besteht, der die Außenschicht der Härchen exakt siebenmal durchquert und dabei zum Teil Schlaufen bildet. In einer dieser Schlaufen vermuten die Forscher die Andockstelle für die Duftmoleküle. Jede Riechzelle besitzt nur einen Rezeptor auf ihrer Oberfläche. Allerdings können die unzähligen chemischen Verbindungen, die von der Nase wahrgenommen werden, mit mehreren Rezeptoren gleichzeitig reagieren. Auf diese Weise erzeugt jeder Duftstoff ein ganz spezielles Aktivitätsmuster in der Nase beziehungsweise im Gehirn, das diese Aktivitätsmuster auswertet und zu einem »Duftbild« zusammenstellt. Denn letztlich riechen wir mit dem Gehirn, so wie wir auch mit diesem sehen, hören, fühlen und schmecken. Die Sinnesorgane liefern dem Gehirn nur die dafür notwendigen Informationen in Form von elektrochemischen Reizen. Jener Teil des Gehirns, der sich vor allem um die Auswertung der Geruchsinformationen kümmert, die er von der Nasenschleimhaut erhält, wird Riechkolben genannt.

Im heutigen Menschen ist nur noch etwa ein Drittel der ursprünglich vorhandenen »Riech-Gene« funktionsfähig. Die anderen beiden Drittel sind zu Gen-Ruinen mutiert, zu den bereits genannten »Pseudo-Genen«, die nutzlos im Erbgut sitzen. Bei unseren nächsten Verwandten, den Schimpansen, ist nur etwa ein Drittel der »Riech-Gene« abgeschaltet.

Doch mit den verbliebenen etwa 400 intakten »Riech-Genen« lassen sich immer noch Nasenschleimhäute gestalten, die in der Lage sind, etwa 10 000 Gerüche wahrzunehmen, also voneinander zu unterscheiden. Gerüche werden allerdings von den Menschen sehr unterschiedlich wahrgenommen; was dem einen ein Wohlgeruch, kann für den andern Gestank sein. Die Unterschiede sind auch wieder genetisch bedingt. Unter den 400 Genen, die für die Ausbildung unserer Geruchsrezeptoren verantwortlich sind, variieren etwa 50 Gene individuell.

Die Welt ist voller Gerüche, von denen wir nichts wissen. Und was wir im Zusammenhang mit dem Riechen meistens vergessen: Auch der größte Teil des Geschmacksssinnes ist auf den Nasenschleimhäuten angesiedelt, was auch der Grund dafür ist, dass wir bei Schnupfen nicht nur nichts mehr riechen, sondern auch kaum noch etwas schmecken. Müssten wir uns beim Essen allein auf unsere Zunge verlassen, so könnten wir hohe Kochkunst von ödem Fastfood nicht mehr unterscheiden. Wir genießen gute Speisen und Getränke vor allem mit der Nase, während die Zunge nur das Grundsätzliche am Geschmack unterscheidet, also das Sauer-scharfe, Bittere, Süße, Salzige und den typischen Geschmack von Fleisch und Käse, den die Geschmacksforscher »Umami« nennen.

In der grauen Vorzeit der Menschheitsgeschichte hatte die Nase auch noch die Aufgabe, so genannte Pheromone in der Luft aufzuspüren. Das sind Sexuallockstoffe, mit denen Paarungswillige chemisch auf sich aufmerksam machen. Aber auch die dafür zuständigen Gene im menschlichen Erbgut sind von der Natur vor Millionen von Jahren weitgehend stillgelegt worden. Vermutlich mit der Verfeinerung des Farbensehens wurden die optischen Reize des anderen Geschlechts so bestimmend, dass die chemischen Lockstoffe ihre Bedeutung verloren. Es heißt aber, dass Frauen sich noch einen letzten Rest von Pheromon-Spürsinn bewahrt haben, wie es ja ganz allgemein so ist, dass Frauen empfindlichere Nasen haben als Männer, ohne dass die Forschung sagen kann, warum das so ist. Schon im Säuglingsalter lassen sich bei Mädchen und Jungen Unterschiede in der Reaktion auf Geruchsstoffe feststellen.

Es gibt aber auch Menschen, die gar nichts riechen können; sie leiden unter Anosmie. Diese Krankheit kann viele Ursachen haben: ein Hirnleiden wie Alzheimer oder Parkinson, eine Virusinfektion, Kopfverletzungen, bei denen der Riechnerv beschädigt wurde oder Nasenpolypen. In einer geruchlosen Welt zu leben, ist nicht schön. Der Alltag wird noch ärmer, als er eh schon ist, er scheint wie unter einer Klarsichtfolie verpackt. Der Rhythmus der Jahreszeiten verliert viel von seinem Zauber: die vielfältigen Düfte des Frühlings und Sommers. Hinzu kommt, dass Gerüche eine sehr enge Beziehung zu unseren Erinnerungen haben. Ohne Gerüche bleiben viele Erinnerungen aus. Denn im Gehirn gibt es eine enge Beziehung zwischen der Nase und dem so genannten Hippocampus. Das ist jener Teil des »limbischen Systems«, der Gedächtnisfunktionen wahrnimmt, die Gefühle betreffen. Wir nehmen einen bestimmten, nicht alltäglichen Geruch wahr und erinnern uns sofort an ein bestimmtes Erlebnis, eine Stimmung, einen Ort der Kindheit.

Mögen uns auch noch so viele üble Gerüche belästigen, so zahlen wir diesen Preis doch gern für all die herrlichen Düfte, die das Leben zu bieten hat, etwa den Duft von frisch geröstetem Kaffee – ein Bouquet vielfältigster Aromen, die der Kaffee-Kenner alle zu entschlüsseln weiß: ein Hauch von Rosenduft, Darjeeling-Tee, Honig, Schokolade, Karamell, geröstetes Brot, Vanille, Veilchen. Der professionelle Kaffee-Schnüffler wird sogar noch Anflüge von Trüffel, Käse und Schweißgeruch erkennen, ja sogar ein paar Moleküle von Katzengeruch identifizieren. Denn das ist das Besondere an den Düften: Der übelste Gestank kann sich, feinst dosiert, zum Wohlgeruch verwandeln. Und umgekehrt gilt das Gleiche: Ein zauberhaftes Parfüm, zu stark aufgetragen, kann widerlich stinken.

Die fließende Grenze zwischen Wohlgeruch und Gestank hat vielleicht den Philosophen Immanuel Kant dazu bewogen, das Riechen als undankbarsten und entbehrlichsten Sinn zu bezeichnen. Kant war offensichtlich kein Genussmensch, sonst hätte er diesen Unsinn nicht schreiben können. Der Schriftsteller Patrick Süskind hingegen schwärmt in seinem Roman »Das Parfüm«

vom Wohlgeruch junger Mädchen: »Ihm schwante, dieser Duft sei der Schlüssel zur Ordnung aller anderen Düfte, man habe nichts von den Düften verstanden, wenn man diesen einen nicht verstand.«

Warum riecht der Mensch aus dem Mund?

Von dem berühmten spanischen Filmregisseur Luis Buñuel gibt es einen beklemmend-grotesken Film mit dem Titel »Der Würgeengel«. Darin wird die Geschichte einer Party-Gesellschaft erzählt, der es plötzlich unmöglich ist, den Raum, in dem sie sich aufhält, zu verlassen. Niemand ist in der Lage, die Türschwelle zu überschreiten; ein magischer Bann hindert sie daran. Als eines der größten Übel bei dieser mysteriösen Gefangenschaft erweist sich sehr bald das Fehlen jeglicher hygienischer Mittel. Es gibt keine Möglichkeit, sich zu waschen, auch keine Toilette. Schon nach wenigen Tagen hat sich der gepflegte und parfümierte Charme der feinen Gesellschaft in üble Gerüche aufgelöst. Die banale Biologie des Säugetiers bricht sich Bahn und zwingt den Menschen auf die tierhafte Ebene seiner Körperfunktionen und des Stoffwechsels der Bakterien, die sich seines Körpers bemächtigen. Die Würde des Einzelnen zersetzt sich binnen Tagen in dem Gestank, den er produziert.

Das ist eine harte, kränkende und schmerzliche Erkenntnis: Die Krone der Schöpfung verbreitet üble Gerüche, wenn sie sich ein paar Tage lang nicht waschen kann. Der schicke Partyraum mit herausgeputzten, mehr oder weniger geistreichen Gästen, verwandelt sich mit erstaunlichem Tempo in einen Schweinestall. Die Notdurft wird im Kleiderschrank verrichtet.

Uns muss gottlob nicht der Würgeengel heimsuchen, damit wir begreifen, dass der Mensch biologisch nichts anderes als ein Säugetier ist. Schon der Atem, hohes Symbol des Lebens und der Seele, riecht zuweilen eher nach Tod und Verwesung. Das Ärgerliche dabei ist, dass man seinen eigenen schlechten Atem nicht riecht. Da bemüht man sich auf einer Party, geistreich und interessant zu sein, um sein Gegenüber für sich einzunehmen, und weiß nicht, dass der

Gesprächspartner nur noch auf Abstand oder gar Flucht sinnt, weil unsere hochphilosophischen Ausführungen von den übelsten Gerüchen begleitet werden.

Schlechter Atem ist ein urzeitliches Erbe des Menschen. Schätzungsweise zwei Drittel der Menschen verströmen hin und wieder schlechten Atem, jeder zehnte leidet dauerhaft darunter – und weiß nichts davon, weil niemand sich traut, es ihm zu sagen. Dabei wäre das ein großer Freundschaftsdienst.

Verursacher dieser peinlichen Ausdünstungen sind Bakterien, von denen hunderte, zum Teil noch unbekannte Arten in unserer warmen und feuchten Mundhöhle einen idealen Lebensraum vorfinden. Sie leben von dem, was an Speiseresten zwischen den Zähnen, den Zahnfleischtaschen und den Fältchen des Zungenrückens hängen bleibt. Als ständige Nahrung dient ihnen auch Nasensekret, das in den Rachenraum tröpfelt. Ganz besonders schätzen sie den Eiweiß-Anteil in der Nahrung. Der Gestank ist nichts anderes als das Abfallprodukt des bakteriellen Stoffwechsels: Die Bakterien futtern Eiweißstoffe (Proteine) und erzeugen dabei übel riechende chemische Verbindungen in Form von Schwefelwasserstoff, der nach faulen Eiern stinkt, Skatol und Methylmercaptan, die auch am Gestank von Fäkalien beteiligt sind, Cadaverin, dessen Name schon darauf verweist, dass es auch in Leichen vorkommt. Aber damit der Ekelgase nicht genug! Der teuflische Geruchscocktail wird noch durch Putrescin ergänzt, das in faulem Fleisch entsteht, und durch Isovaleriansäure, die für den Geruch von Schweißfüßen verantwortlich ist. Das ist wirklich zu viel des Schlechten, vor allem, wenn es sich im Mund zusammenbraut.

Selbst wenn man sich nach jeder Mahlzeit die Zähne putzen würde, wäre man vor Mundgeruch nicht sicher. Denn die Hauptquelle des üblen Atems ist der hintere Zungenrücken, der nur selten vom Speichel gereinigt wird – und schon gar nicht von der Zahnbürste. Der Zungenrücken ist nämlich nicht glatt, sondern ähnelt eher einem Flickenteppich. Da verfängt sich so manches in den Fältchen, das nur mechanisch zu reinigen ist.

Besonders intensiv ist der Geruch bei ausgetrocknetem Mund, wie man ihn zum Beispiel von langem Reden bekommt, aber auch bei Stress oder während einer Fastenkur. Der Speichel sorgt ja dafür, dass wenigstens ein Teil der Bakterien und ihrer chemischen Abfallprodukte fortgeschwemmt werden. Eine ausgetrocknete Mundhöhle ist auch der Grund, weshalb wir morgens beim Aufwachen aus dem Mund riechen. Denn während des Schlafs wird die Speichelproduktion gedrosselt; die Bakterien können sich bequem überall auf dem Zungenrücken festsetzen und ungestört ihr Werk verrichten.

Aber wieso riechen wir immer nur den schlechten Atem eines andern und nie den eigenen? Auf diese Frage gab man früher die Antwort, dass der Mensch sich halt an den eigenen Gestank gewöhnt, nicht nur an den aus dem Mund, sondern auch an den Geruchsmix, der den eigenen Achselhöhlen, den Socken oder Schuhen entströmt. Heute erklärt man dieses Rätsel damit, dass der horizontale Luftstrom aus dem Mund nicht selber eingeatmet werden kann; dazu müsste man in der Lage sein, gleichzeitig aus- und einzuatmen. Wir können nicht in unseren eigenen Mund hineinriechen.

Wer in dieser heiklen Frage sichergehen will, sollte einen vertrauten Menschen um einen Geruchstest bitten. Oft sind es Kinder, die es einem in ihrer Unbefangenheit auch ungefragt sagen. Für diesen Fall ist eine ausgiebige Mundhygiene anzuraten, vor allem ein sanftes Säubern des hinteren Zungenrückens mit einem Zungenreiniger aus Kunststoff. Ist der Mund trocken, sollte man was trinken. Auch ein Mundwasser vor dem Schlafengehen kann hilfreich sein. Selbstverständlich Zähneputzen und die Zwischenräume mit Zahnseide säubern. Gut frühstücken sollte man auch, denn das regt den Speichelfluss an. Diesen Effekt hat auch das Kauen von Kaugummi. Die Natur bietet auch einiges an Geruchsvertilgern an, etwa Guave-Schalen, Anis-Samen, Petersilie, Gewürznelken und Zimt. Die Wirkung der in Kaugummis oft verwendeten Minze ist eher schwach.

Die Mundgeruchsforscher wissen inzwischen, dass jeder Mensch mit Mundgeruch seine ganz persönliche »Duftnote« hat. Obwohl der Mensch ja sehr viel auf seine Einmaligkeit gibt, würde man in diesem Fall doch lieber darauf verzichten und ganz unpersönlich geruchlos sein.

Warum haben Muskeln manchmal einen Kater?

Eine Katze sein Eigen zu nennen, ist eine schöne Sache – solange es sich tatsächlich um das schnurrende Haustier auf Samtpfoten handelt. Doch selbst zu diesen faszinierenden Tieren hatte der Mensch von jeher ein zwiespältiges Verhältnis; so recht traute er ihnen nie über den Weg.

Der Mensch hält die Katze für falsch, was natürlich Unsinn ist, weil sich menschliche Charaktereigenschaften nicht auf Tiere übertragen lassen. So muss die Katze, wie der Hund und das Schwein, immer dann herhalten, wenn es Übles und Falsches zu bezeichnen gilt. So entstand zum Beispiel in der deutschen Studentenschaft des 18. Jahrhunderts, die sich weniger durch eifriges Studium als durch wüste Saufgelage auszeichnete, der Begriff »Katzenjammer«. Damit ist das »heulende Elend und Unwohlsein nach einem Rausch« gemeint. Das Wort steht in enger Verwandtschaft zur »Katzenmusik« und dieses Wort ist ebenfalls aus dem Studentenleben früherer Zeiten hervorgegangen; misstönende Musik ist damit gemeint. Aus dem »Katzenjammer« wurde schließlich der »Kater«, der allerdings wortgeschichtlich auch mit dem »Katarrh« zu tun hat.

Und damit sind wir auf dem gewundenen Weg der Wortherkunft endlich beim Muskelkater angekommen, diesem Unwohlsein des Muskels nach starker Beanspruchung. Als Ursache für einen Muskelkater wurde früher die Milchsäure (Laktat) genannt. Bei starker Beanspruchung, so meinte man, werde der Muskel mit Sauerstoff unterversorgt. Das habe zur Folge, dass der Energielieferant Traubenzucker (Glukose) in den Muskelzellen nicht vollständig zu Wasser und Kohlendioxid verbrannt werden könne. Dabei falle als Abfallprodukt Milchsäure an; der Muskel reagiere also buchstäblich sauer auf die Überbelastung. Die Milchsäure sei für den schmerzhaften Muskelkater verantwortlich.

Doch diese Erklärung ist falsch. Zwar kann bei starker Beanspruchung, etwa einer Bergbesteigung, eine Übersäuerung der Muskeln auftreten, doch diese wirkt sich nicht als schmerzhafter Muskelkater aus. Dagegen führen Bergsteiger an, dass sie nach einer langen Bergtour tatsächlich oft Muskelkater verspüren. Doch der kommt nicht, wie die Forschung inzwischen weiß, von der »positiven Arbeit« des Bergaufsteigens, sondern von der »negativen Arbeit« des Abstiegs. Bergauf, und zwar bei gleichmäßiger Anstrengung, leisten die Muskeln zwar schwere Arbeit, bleiben dabei aber weitgehend unversehrt. Bergab hingegen werden sie auf eine Art und Weise strapaziert, die ihrer eigentlichen Bestimmung zuwiderläuft: Sie müssen Bewegungen zügeln, ruckartig abbremsen und stoppen, damit der Wanderer nicht der Schwerkraft unterliegt und ins Stolpern und Stürzen kommt. Bei dieser »negativen Arbeit«, die bergab geleistet wird, laufen die Muskelfasern buchstäblich heiß. Sie erleiden dabei feinste Risse, die erst unter dem Elektronenmikroskop sichtbar sind, so genannte Mikro-Rupturen.

Das Bergabsteigen ist also der Muskelkatermacher schlechthin. Demnach wäre es am besten, wir würden Berge nur noch hochsteigen und für den Rückweg ins Tal Maultiere, Sänftenträger, Seil- oder Zahnradbahnen und Helikopter in Anspruch nehmen.

Warum haben so viele Männer eine Glatze?

Es gibt verschiedene Mittel, mit denen sich hartnäckiger Schluckauf vertreiben lässt: Man nehme als mitleidender Freund des Schluckauf-Geplagten heimlich einen nassen Putzlappen, pirsche sich von hinten (von vorne nützt es ja nichts!) an das Opfer heran und schlage ihm das triefnasse Objekt über den Kopf. Er wird sich sogleich in seinem Zorn über diese Attacke auf einen stürzen wollen, wird davon aber sofort wieder ablassen, wenn er merkt, dass sein Schluckauf weg ist. Falls das nicht der Fall ist, sollte man den Putzlappen schnell fallen lassen und die Flucht ergreifen. Statt des Schluckaufs hat man die Freundschaft bekämpft. Die Methode hat auch bei Erfolg einen Nachteil: Sie ist nur bei einem andern, nicht bei sich selber anwendbar. Man kann sich ja nicht selber erschrecken.

Für die Schluckauf-Selbsttherapie muss man sich etwas anderes einfallen lassen. Etwa dies: Man versuche, in seiner Vorstellung sieben glatzköpfige Männer heraufzubeschwören; es müssen keine Vollglatzen sein. Man ist erstaunt, wie leicht es doch fällt, sieben glatzköpfige Männer in seinem Bekanntenkreis oder unter den Berühmtheiten der Welt zusammenzukriegen. Und während man in Gedanken nach solchen sucht, ist der Schluckauf weg – oder auch nicht. Bei Misserfolg kann man es zur Not noch mit sieben glatzköpfigen Frauen versuchen. Da man diese höchstwahrscheinlich nicht zusammenbekommen wird, hilft am Ende nur eines: eiskalt duschen.

So, nun haben wir lange genug um unser eigentliches Thema herumgeschriftstellert! Es geht hier um Glatzen, und zwar solche auf männlichen Köpfen. Die Statistik besagt, dass mit fünfzig Jahren bereits die Hälfte aller Männer unter Haarausfall leidet. Erstaunt ist man über diese Mitteilung nicht, denn männliche Glatzen sind uns ein vertrauter Anblick. Dagegen wundern wir uns über eine zweite Aussage derselben Statistik umso mehr: Auch die Hälfte der Frauen um fünfzig hat Erfahrung mit Haarausfall. Allerdings verläuft er beim weiblichen Geschlecht diffuser, das heißt, es kommt nicht so oft zu kahlen Stellen auf dem Kopf. Hinzu kommt, dass Frauen eher geneigt sind, Perücken aufzusetzen, um ihr Haarproblem zu vertuschen.

Der Haarausfall beim Mann verläuft meist nach ein und demselben Schema: Zuerst weicht der Haaransatz über den Schläfen zurück; man spricht von »Geheimratsecken«. Damit kann sich der Mann durchaus (beim anderen Geschlecht) sehen lassen, ja, im Verein mit silbergrauen Koteletten wirkt das auf Frauen sogar anziehend: der Mann im Zenit seiner Lebenskraft! Jeder Zenit hat leider den Fehler, dass es von nun an stetig bergab geht – nicht nur auf dem Kopf. Den reizvollen Geheimratsecken folgt eine eher lächerlich wirkende Kahlstelle auf dem Hinterkopf, die sich im Lauf der Zeit zum beliebten Landeplatz für allerlei Fluginsekten vergrößern wird. Zudem sieht eine Tonsur – so nennt man diese Kahlstelle – nach Mönch aus, für den das andere Geschlecht nun weiß Gott kein Interesse zeigt.

Bis heute gibt es – anders als beim Schluckauf – kein wirksames Mittel gegen Haarausfall, dafür jede Menge unwirksame. Das hat damit zu tun, dass man viel über die Biologie des Haarwachstums weiß, aber längst nicht alles. Das Haarwachstum zu ergründen ist ähnlich kompliziert, wie die Entwicklung der Gliedmaßen zu verstehen oder die Zusammenballung von kosmischem Staub zu Sternen und Galaxien. Vom Haar weiß man, dass es aus einem Haar-Follikel, auch Haarbalg genannt, sprießt. Das ist eine Art Säckchen in der Haut. Zeigen die Follikel einen runden Querschnitt, so hat der Mensch glattes Haar. Gelocktes Haar sprießt aus Follikeln mit abgeflachtem Querschnitt. Im Laufe des Lebens wechseln die Follikel immer wieder zwischen Wachstums- und Ruhephasen. Dieser Aktivitätszyklus wird von unterschiedlichen Eiweiß-Molekülen gesteuert, von denen viele den Forschern noch unbekannt sind, denn

Eiweiße zu analysieren ist eine der schwierigsten Aufgaben in der Biochemie.

In einer Übergangsphase sterben die Zellen des Haar-Follikels, der den Haarschaft hervorbringt, ab. Dadurch verliert der Haarschaft seine Verankerung im Follikel und fällt schließlich aus. Nach einer Ruhephase können sich, gesteuert durch Signalstoffe, neue Follikel-Zellen bilden, die dann ein neues Haar entstehen lassen. Im Laufe des Lebens kann ein durchschnittliches Haar-Follikel in der Kopfhaut mehr als zehn Meter Haar bilden.

Wenn man also ein Haar verliert, so heißt das nicht, dass an dieser Stelle kein neues mehr entstehen kann. Schließlich fallen uns pro Tag ungefähr 50 bis 100 Kopfhaare aus. Ein Durchschnittskopf enthält aber nur etwa 100 000 Follikel. Würden ausgefallene Haare nicht wieder nachwachsen, wären wir schon nach etwas mehr als tausend Tagen, also fünf Jahren, kahl. Entscheidend ist, ob die Signalgeber für das Wachstum eines neuen Haars zur Wirkung kommen. Hierbei sind jedoch unzählige regulierende Moleküle mit am Werk, deren Zusammenarbeit noch weitgehend unbekannt ist. Ist dieses Zusammenwirken aus verschiedenen Gründen gestört, verharren die Haar-Follikel in der Ruhephase – eine neue Wachstumsphase setzt nicht mehr ein. Solche Störungen treten beim Menschen verstärkt in der zweiten Lebenshälfte auf. Im Alter nehmen die Funktionsstörungen im Organismus ja ganz allgemein zu. Die Glatze bei Männern kann zudem vererbt sein, und zwar sowohl väter- als auch mütterlicherseits. Viele Gene scheinen dafür verantwortlich zu sein.

Nach und nach lichtet sich das Haar. Das bedeutet in den meisten Fällen jedoch nicht, dass bei Kahlköpfigkeit alle Haar-Follikel abgestorben wären; sie sind nur inaktiv. Es fehlt nur das Mittel, sie wieder zu aktivieren.

Die landläufige Meinung, dass häufiges Haareschneiden das Haar kräftigt und sein Wachstum beschleunigt, ist falsch. Das menschliche Haar ist nicht mit dem Gras verwandt und somit unsere Frisur nicht mit einem Rasen. Dieser wird von häufigem Mähen tatsächlich dichter.

Warum sitzen Kopfläuse am liebsten auf Kinderköpfen?

Es ist der Schrecken jedes Kindergartens, jeder Schule und kinderreichen Familie: Invasion der Kopfläuse! Rette sich, wer kann! Während die Kinder meist gelassen (= cool) bleiben, steht Lehrern und Eltern der blanke Schrecken in den Gesichtern. Panik liegt in der Luft, Weltuntergangsstimmung breitet sich aus. Im panischen Zustand macht der Mensch meistens alles falsch, das gilt auch für die Kopfläuse-Panik. Panik ist in diesem Fall schon deshalb völlig falsch, weil die Kopflaus (lateinisch: *Pediculus capitis*) ein vollkommen harmloses Tier ist. Deshalb sind Desinfektionsorgien, wie sie in manchen Familien nach einem Parasitenbefall stattfinden, unsinnig. Denn Kopfläuse fristen ihr kärgliches Dasein auf (behaarten) Köpfen, nicht auf Kopfkissen, auch nicht auf und in Kopfbedeckungen, erst recht nicht auf den Köpfen von Stofftieren. Die allgemeine Unwissenheit über diese sesamkörnerartigen Tierchen führt dazu, dass sie mit anderen Parasiten, die sich auch in Kleidung und Bettwäsche aufhalten (etwa Krätzmilben, Kleiderläuse oder Wanzen), in einen Topf geworfen werden.

Mit diesem niederen Parasitenvolk will die Kopflaus nichts zu tun haben; vielmehr geht sie erhobenen Hauptes auf erhobenem Menschenhaupt durch die Welt. Es verletzt sie auch zutiefst in ihrer zarten Läuseseele, wenn man ihr Erscheinen mit mangelnder Hygiene (beim Menschen) in Verbindung bringt. Nichts ist ihr lieber als ein frisch gewaschener Kopf; sie fühlt sich in seidigem, duftendem Haar sauwohl, verschmäht freilich auch ungepflegte Köpfe nicht.

Ähnlich wie die Filzlaus, die sich am liebsten in Schamhaar, Achselbehaarung, aber auch in Bärten und Augenbrauen einnistet, klammert sich die Kopflaus mit ihren hakenartigen Klauen an den Kopfhaaren fest, und zwar dicht über der Kopfhaut, wo sie sich bequem mit Blut versorgen kann. Kopfläuse haben nur eine kurze Lebenserwartung von etwa drei Wochen. Also beeilen sich die Weibchen nach der Befruchtung mit der Eiablage. Die Eier, auch Nissen genannt, werden nicht lose ins Haar abgelegt, sondern mit diesem zu regelrechten Nestern verklebt. Mit bloßem Haarewaschen kann man sich also von ihnen nicht befreien. Aus den Eiern schlüpfen die Larven, indem sie die Schalen durch plötzliches Auspressen von Luft sprengen. Oft bleibt der Läusebefall unbemerkt, weil er nur in seltenen Fällen zu Juckreiz führt. In diesem Fall lässt sich eine Kopfwäschekur mit Insektiziden nicht mehr vermeiden, zumal wenn man lebende Läuse im Haar gefunden hat, also der Juckreiz tatsächlich von Kopflausbefall herrührt. Grundsätzlich sollte mit solchen Radikalkuren erst dann begonnen werden, wenn lebende Läuse gefunden werden. Ein Nissenfund muss nicht zwangsläufig zu einem Läusebefall führen, da es sich in den meisten Fällen um unbefruchtete oder abgestorbene Eier handelt oder gar nur um leere Eierschalen.

Vollkommen unsinnig ist es, Kinder mit Nissen im Haar vom Kindergarten oder der Schule auszuschließen oder nicht an Klassenfahrten teilnehmen zu lassen. Damit stempelt man die Kinder und ihre Angehörigen als Aussätzige ab, vor denen man besser Abstand halten sollte. Dahinter steckt das nicht ausrottbare Vorurteil, die harmlosen Kopfläuse seien Überträger von Krankheiten und würden sich durch Sprünge von Kopf zu Kopf rasend schnell ausbreiten. Nein, die Kopflaus ist kein Floh, sie kann weder springen noch fliegen, auch Laufen ist nicht ihre Sache. Kopfläuse verbreiten sich durch direkten Kopf-zu-Kopf-Kontakt. Und damit sind wir endlich bei der Beantwortung unserer ursprünglichen Frage angelangt: Kinder stecken gern ihre Köpfe zusammen, weshalb sich Kopfläuse meistens nur auf Kinderköpfen finden.

Warum haben wir Fussel im Nabel?

Wir können aufatmen. Endlich haben wir eine Antwort auf die wichtige, uns alle beschäftigende Frage, woher die Fussel – auch Flusen genannt – im Bauchnabel kommen. Denn immerhin haben, einer australischen Umfrage zufolge, zwei Drittel aller erwachsenen (australischen) Menschen Fussel im Nabel. Nun sind aber nicht alle Menschen Australier. Für Deutschland steht eine solche wissenschaftlich geleitete Nabelerforschung noch aus; aber vermutlich kann man davon ausgehen, dass wir uns bei der eigenen Nabelschau nicht wesentlich von den Australiern unterscheiden würden. Also, hier sei es erstmals öffentlich ausgesprochen: Auch in deutschen Nabeln treiben jede Menge Fussel ihr Unwesen.

Wenn schon die meisten Erwachsenen Fussel im Nabel haben, wie steht es dann mit den Kindern und Jugendlichen? Da man im Alter ganz allgemein mehr fusselt – und zudem haart, schuppt und sabbert –, überrascht uns die Antwort der australischen Nabelforscher nicht: Junge Menschen haben weniger Fussel im Nabel. Noch viel weniger überrascht uns, dass Männernabel mehr Fussel aufweisen als Frauennabel. Das kann nur damit zu tun haben, dass Männer ihren Nabel seltener säubern als Frauen, weil sie sich grundsätzlich weniger waschen als diese. Nein, der eigentliche Grund ist, dass Männer mehr Haare am Bauch haben – und diese sind schuld an den Fusseln im Nabel. Denn am Bauch wachsen alle Haare zum Nabel hin. Die Kleiderflusen gleiten wie auf einer Achterbahn an ihnen entlang in den abgründigen Nabel hinein.

Warum frieren Frauen mehr als Männer?

Es gibt so allerhand Unterschiede zwischen Männern und Frauen. Gottlob, möchte man sagen. Was wäre das für ein ödes Leben, wenn's nur ein Geschlecht gäbe. Manche dieser Unterschiede kommen einem sehr logisch vor, besonders jene, die der Arterhaltung dienen. Es gibt aber auch solche, deren Sinn man so recht nicht versteht. Wieso müssen Frauen länger vor Spiegeln zubringen als Männer? Wieso waschen Männer so gern ihr Auto – und am liebsten sonntags? Warum kaufen sich Frauen so gern Schuhe? Und so weiter. Auf derartige Fragen hat man bis heute keine überzeugenden Antworten gefunden.

Bei der Frage, die uns hier beschäftigt, weiß man immerhin eines mit Sicherheit: Die Hormone sind nicht daran schuld, dass Frauen mehr und schneller frieren als Männer. Auch haben Frauen keine niedrigere Körpertemperatur als Männer. Dennoch ist durch eingehende Tests erwiesen, dass Frauen durchschnittlich 5 Grad Celsius früher als Männer frieren. Und sie frieren nicht nur schneller, sondern auch stärker. Zwar haben Frauen eine durchschnittlich dickere Isolationsschicht in Form von Fettpolstern, doch dieser Vorteil, den viele Frauen als Nachteil empfinden (Stichwort »Problemzone«), bringt ihnen nicht viel, da sie meist kleiner sind als Männer. Die Körpergröße jedoch ist der entscheidende Faktor für den Wärmehaushalt des Organismus: Ein kleiner Körper strahlt verhältnismäßig mehr Wärme ab als ein großer, denn das Verhältnis von Körperoberfläche zu Körpervolumen ist bei einem kleinen Körper ungünstiger. Das ist auch der Grund, wieso kleine Säugetiere, etwa Mäuse, ständig mit Nahrungssuche beschäftigt sind, während große, etwa Löwen, die meiste Zeit faul in der Sonne liegen. Die Frauen wären demnach mit Mäusen zu vergleichen, die Männer mit Löwen. Aber das will ich hier nicht weiter vertiefen, um nicht die Hälfte meiner Leser zu verlieren. Was bei Kälte ein Nachteil ist, erweist sich bei Hitze als Vorteil: Frauen schwitzen weniger als Männer.

Zur geringeren Körpergröße der Frauen kommt hinzu, dass bei ihnen auch der Anteil der Muskelmasse am Körper kleiner ist als bei Männern. Die Muskeln sind aber das am besten durchblutete Gewebe. Unser Körper heizt vor allem mit seinen Muskeln. Wenn wir vor Kälte schlottern, versuchen die Muskeln durch zusätzliche, scheinbar sinnlose Bewegung Wärme zu erzeugen.

Frauen haben zudem noch eine dünnere Haut als Männer und gewöhnlich auch weniger Körperbehaarung, wobei sie sich die vorhandene auch noch wegmachen – um den Männern zu gefallen. Beides fördert die Wärmeabstrahlung des Körpers, denn Körperbehaarung – das Restfell unserer affenartigen Vorfahren – dient vor allem dem Schutz vor Wärmeverlust. Auch die Essgewohnheiten der Frauen unterstützen ihre Neigung zum Frösteln. Denn viele Frauen halten sich der Schönheit wegen mit dem Essen zurück – auch dies, um den Männern zu gefallen. Dadurch verringert sich der Anteil des Blutfetts, was für die Körperzellen bedeutet, dass ihnen weniger Stoff zur Verbrennung zugeführt wird.

So überzeugend die eben angeführten Gründe für weibliches Frösteln auch sind – so ganz wird mancher Mann den Verdacht nicht los, dass die Frauen damit einen Zweck verfolgen: Sie wollen von den Männern in den Arm genommen und gewärmt werden. Kleinwüchsige Männer hätten da freilich ein Problem: Sie neigen selber zum Frösteln. Und damit ist bewiesen, dass das alles letztlich mit dem Geschlecht nichts zu tun hat. Kleine Frauen – und kleine Männer – frieren schneller, weil sie klein sind.

Warum wird der eine krank und der andere nicht?

Zwischen den Jahren 1346 und 1352 suchte die Pest, schwarzer Tod genannt, fast ganz Europa und weite Teile Nordafrikas heim. Die Krankheit forderte etwa 25 Millionen Todesopfer. Es gab Städte, in denen zwei Drittel der Einwohner von der Seuche dahingerafft wurden – aber eben nicht alle! Selbst einer so hoch ansteckenden Krankheit wie der Pest, die durch Bakterien *(Yersinia pestis)* hervorgerufen wird, fallen nicht alle Menschen im Verbreitungsgebiet zum Opfer.

Nun kann man als Erklärung anführen, dass nicht jeder Mensch mit dem Krankheitserreger in Berührung kommen muss. Das ist richtig. Wer dem Krankheitserreger nicht ausgesetzt ist, kann logischerweise auch nicht die Krankheit bekommen, die von ihm ausgelöst wird. Doch selbst in Familien, die Pestopfer zu beklagen hatten, starben nicht alle an der Seuche, obwohl man davon ausgehen kann, dass alle dem Erreger ausgesetzt waren. Auch heutzutage ist es ja so, dass während einer Grippewelle meist nicht alle Mitglieder einer Familie erkranken, trotz großer Nähe untereinander. Rätselhaft dabei ist, wieso es den einen erwischt und den andern nicht.

Dass verschiedene Menschen unterschiedlich anfällig für Krankheitserreger sind, weiß man seit langem, doch warum das so ist, beginnt die Wissenschaft erst seit kurzem zu verstehen. Zuständig für diesen Forschungszweig in der Medizin sind die Infektionsforscher; sie versuchen herauszufinden, warum und wann aus einer Infektion eine Krankheit wird. Dieser letzte Satz weist schon darauf hin, dass nicht jeder, der sich mit einem Erreger angesteckt hat, auch krank werden muss. Selbst das hoch ansteckende Grippe-Virus löst bei manchen Menschen keinerlei Beschwerden aus, wenn es sie befallen hat. Von der Tuberkulose, einer ansteckenden Lungenkrankheit, weiß man, dass im Durchschnitt nur bei einer von zehn angesteckten Personen die Krankheit auch ausbricht. Bei den restlichen neun nisten sich die Tuberkelbakterien zwar im Organismus ein, schädigen ihn aber nicht. Ähnliches weiß man von vielen anderen Krankheiten. Verantwortlich dafür ist das Immunsystem des Menschen, also jenes komplizierte und schwer zu durchschauende Abwehrsystem gegen von außen in den Körper eindringende Krankheitserreger. Zu diesem Zweck werden in bestimmten Organen wie etwa der Milz, den Mandeln oder den Lymphknoten so genannte Antikörper hergestellt, die die eindringenden Erreger bekämpfen.

Das ist freilich eine sehr vereinfachende Erklärung. Tatsächlich sind viele unterschiedliche Abwehrvorgänge im Immunsystem aktiv, die alle auf komplizierte Weise zusammenspielen. Typische Eigenschaften des Immunsystems sind sein »Erinnerungsvermögen« an schon einmal bekämpfte Erreger und seine Fähigkeit, zwischen »körpereigen« und »körperfremd« zu unterscheiden.

Das wollen wir hier nicht weiter vertiefen, weil wir es mit unserem bescheidenen Laienverstand ohnehin nicht verstehen würden. Eines wird in der modernen Erforschung des Immunsystems immer deutlicher – und auch für uns begreiflich: dass der Einfluss des Erbguts auch bei der Bekämpfung von Krankheitserregern von zentraler Bedeutung ist. Die Anfälligkeit für einen Erreger wird durch eine Vielzahl unterschiedlicher Erbanlagen (Gene) mitbestimmt, wobei die genaue Funktion der einzelnen Gene noch weitgehend unbekannt ist. Letztlich entscheidet eine komplizierte Feinregulation der Immunabwehr darüber, ob ein Mensch erkrankt oder nicht. Denn es besteht durchaus die Möglichkeit, dass der Organismus auf einen Erreger mit einer Immunabwehr reagiert, es aber leider die falsche ist.

Die Entscheidung über Gesundheit oder Krankheit fällt also erst in der molekularen Auseinandersetzung zwischen Mensch und Mikrobe. So kann ein und derselbe Erreger in dem einen Menschen harmlos vor sich hin schlummern, bei einem andern aber schwer wiegende Folgen haben. Oftmals ist es auch so, dass das Immunsystem bei einer Infektion einfach nicht aktiv werden will, weil es geschwächt ist. Man weiß, dass extreme geistige oder körperliche Anstrengungen über längere Zeit, auch chronischer Schlafmangel und andauernder Stress, die Immunantwort blockieren und damit das Erkrankungsrisiko erhöhen können. Das heißt: Gesund bleiben am ehesten jene Menschen, die gesund leben. Sind die Lebenskräfte geschwächt, dann haben Viren, Bakterien, Pilze und andere Krankheitserreger leichtes Spiel.

Warum denkt der Mensch manchmal mit dem Bauch?

Manchmal fragt man sich, wozu der Mensch eigentlich ein so großes Gehirn hat. Der Zustand der Welt lässt darauf schließen, dass der Mensch als Gattung die Möglichkeiten dieses riesigen Denkorgans nur zu kleinen Teilen nutzt. Das gilt vor allem für jene, die als Machthaber und Machtinhaber die Geschicke und Ungeschicke der Welt vorrangig bestimmen. Vielleicht wäre es ohnehin besser, wenn der Mensch nicht mit dem Kopf, sondern mit dem Bauch denken würde.

Nun sagt uns die Wissenschaft, dass wir dieses in gewisser Weise auch tun. Aber da sagt sie uns nichts Neues. Jeder weiß von sich selbst, dass er in so mancher schwierigen Situation »aus dem Bauch heraus« seine Entscheidung gefällt hat, beziehungsweise sie ihn. Das nennt man gemeinhin Intuition, also Eingebung oder ahnendes Erfassen. Es wird behauptet, dass Frauen im Allgemeinen mehr davon hätten als Männer. Aber Vorsicht: Auch Frauen denken logisch und auch Männer haben zuweilen eine plötzliche Eingebung.

Im Lateinischen meint das Wort »intuitio« die unmittelbare Anschauung. Der Bauch wird zum Kopf; er weiß, gerade auch in heiklen oder gar gefährlichen Situationen, meist schon einige Zeit vor dem Hirn, was zu tun ist, während sich der Kopf noch hektisch mit dem Abwägen von Für und Wider plagt oder sich mit Ausflüchten und tief wurzelnden Ängsten vor einer Entscheidung drückt. Die Engländer bezeichnen diese Unterleibs-Weisheit als »gut-feeling«, also Darmgefühl. Gerade bei Kindern ist dieses Darmgefühl meist noch stark ausgeprägt, was vor allem bei belastenden Lebensumständen zum Tragen kommt; sie reagieren mit Bauchweh und Übelkeit.

Aber wie die Engländer richtig erkannt haben: Das Bauchgefühl ist genau genommen ein Darmgefühl. Allein deshalb sollte man dieses fünf bis sechs Meter lange Geschlinge nicht als bloßes Abflussrohr abtun. Neben unserer Haut ist der Darm jenes Organ, mit dem wir am intensivsten zur Umwelt in Kontakt treten. Genau genommen sind Magen und Darm gar keine inneren Organe, sondern nach innen gestülpte Kontaktflächen zur Außenwelt. Entfaltet ergäbe die Darmschleimhaut eine Fläche von 400 Quadratmetern. Von Menschen, die ständig ans Essen denken, sagt man, sie hätten ihren Bauch zwischen den Ohren. Längst hat die Forschung bewiesen, dass der Magen-Darm-Trakt unser Seelenleben entscheidend mitgestaltet. Gerade an besonders sensiblen Menschen wird deutlich, wie stark unser Verdauungssystem auf Angst, Stress, Ärger, Kummer und Trauer reagiert. Das hat seinen biologischen Grund: Der Darm ist von hundert Millionen Nervenzellen umgeben, die in der Darmwand zu zwei umfangreichen Nervengeflechten verwoben sind. Man spricht regelrecht von einem Darmhirn. Dieses führt weitgehend ein Eigenleben, ist also nicht nur Befehlsempfänger des »Kopfhirns«. Entwicklungsgeschichtlich ist es auch wesentlich älter als die Schaltzentrale unter der Schädeldecke. Einen Ausspruch wie »Der denkt mit seinem Darm« müsste man eigentlich als höchstes Kompliment auffassen. Denn oftmals ist der Darm klüger als der Kopf.

Warum kommen Jungs in den Stimmbruch?

Warum gibt es Knabenchöre wie die »Wiener Sängerknaben« oder die »Regensburger Domspatzen«, aber keine Mädchenchöre? Die Antwort ist ganz einfach: weil sich unter den Jungs die schöneren, reineren Stimmen finden. Somit wird es vermutlich niemals »Wiener Sängermädchen« geben. Für Girlgroups reicht es allemal.

Doch die Jungs mit engelhafter Gesangsstimme haben für dieses Geschenk der Natur den Schock des Stimmbruchs durchzustehen.

Was ist der Grund für den Stimmbruch? Der Kehlkopf verändert seine Lage; er rutscht ein wenig abwärts.

Geboren wird der Mensch mit einem Kehlkopf, der wie bei den Affen so nahe am Nasenbein sitzt, dass es uns als Babys noch möglich ist, gleichzeitig zu schlucken und durch die Nase zu atmen. Das vereinfacht das Saugen an der Mutterbrust. Dieser hoch sitzende Kehlkopf schränkt aber die Möglichkeiten der Lautäußerung stark ein. Im Laufe der ersten Lebensjahre wandert der Kehlkopf langsam abwärts, um etwa im vierten Lebensjahr seine endgültige Position zu erreichen – beim weiblichen Geschlecht. Diese tiefe Lage des Kehlkopfs ermöglicht erst die Reichhaltigkeit unserer Stimme.

Nun senkt sich beim Knaben der Kehlkopf noch einmal, was ihm von da an ermöglicht, besonders tiefe Töne hervorzubringen, da der Lautraum der Kehle dadurch vergrößert wird. Die Knaben verlieren vorübergehend ihre Gesangsfähigkeit, gewinnen dafür aber die Möglichkeit, stimmlich bei den Mädchen zu imponieren. Das ist zumindest der biologische Sinn der tieferen Männerstimme; sie dient als sexuelles Signal. Das ist bei Männern nicht anders als bei Hirschen: Männliche Hirsche, die während der Brunftzeit mit ihren Rivalen um die Gunst der Weibchen wetteifern, ziehen beim Röhren den hoch sitzenden Kehlkopf für Sekunden fast bis zum

Brustkorb hinab. Auf diese Weise erzeugen sie ihre beeindruckenden tiefen Töne. Und je tiefer, desto besser. Der Kehlkopf wird so zum Aufschneider-Organ. Jungs sollten sich dieses tierischen Erbes, das sich hinter dem Stimmbruch verbirgt, besinnen: Es gilt bei Gelegenheit kräftig zu röhren, um die Mädchen auf sich aufmerksam zu machen. Zu irgendetwas muss ein Stimmbruch schließlich gut sein.

Warum setzen sich Radfahrer gern über Verkehrsregeln hinweg?

Ist man in der Stadt als Fußgänger unterwegs, fühlt man sich oft genug von aggressiven Autofahrern und geradezu terroristischen Radlern bedrängt und in seiner Gesundheit gefährdet. Ist man selber als Radfahrer unterwegs, gehen einem die rücksichtslosen Autofahrer auf die Nerven, aber mehr noch die schlafmützigen Fußgänger, die ein zügiges Vorankommen – auf dem Bürgersteig – vereiteln. Ist man als Autofahrer unterwegs, möchte man am liebsten alle übrigen Autofahrer zusammen mit den Radfahrern und Fußgängern auf den Mond schießen. Dabei vergisst der Mensch, dass er sich selbst – in dreifacher Ausfertigung – gleich mit auf den Mond schießen müsste: der Gerechtigkeit wegen.

Interessant an diesem Problem ist gerade die Problemlosigkeit, mit der man ständig die Rollen zwischen Autofahrer, Radfahrer und Fußgänger tauscht – und sich in jeder Rolle, die man gerade innehat, im Recht fühlt. Im Augenblick erlebt man sich als Radfahrer auf dem Bürgersteig, während man kurz zuvor noch als Fußgänger unterwegs war, der innerlich all die Radfahrer verfluchte, die auf dem Bürgersteig fuhren.

Das Problem hat sich in unserer Zeit besonders dadurch verschärft, dass das Fahrrad im so genannten Mountainbike eine äußerst aggressive Ausformung gefunden hat, die noch dazu den falschen Namen trägt: überall Mountainbikes, aber weit und breit keine Berge! Eigentlich zum Fahren in den Bergen erfunden – um die Zerstörung derselben noch weiter voranzutreiben! –, wird dieses bullige, aber schnelle Rad in den Städten als eine Art rasende Killermaschine eingesetzt, als Zweiradpanzer oder blitzschnell um die Häuserecke schießende Fleischhackmaschine. Wem das zu scharf formuliert erscheint – was es auch ist –, sollte bedenken, dass der Erfinder des Fahrrads, der Freiherr Karl Friedrich Christian Ludwig

Drais von Sauerbronn (1785–1851), neben dem »einspurigen Fahrrad«, auch »Laufmaschine« und später ihm zu Ehren »Draisine« genannt, auch noch eine Fleischhackmaschine erfunden hat. Im Mountainbike sind endlich nach 200 Jahren Lauf- und Fleischhackmaschine miteinander verschmolzen. Vor dieser muss man sich als brav und verträumt den Bürgersteig benutzender Fußgänger in Acht nehmen, unablässig witternd wie ein armes Jagdwild, jedes sich nähernde Mountainbike argwöhnisch beäugend, stets zum rettenden Sprung in den Rinnstein oder den Straßengraben bereit. Das ist leichter gesagt als getan, vor allem, wenn sie von allen Seiten gleichzeitig daherkommen, nicht selten in Rudeln. Keine noch so rote Ampel hält sie auf, kein Fluchen, Flehen, Drohen bändigt sie. Selbst in dunkelster Nacht, heimtückisch, weil ohne Beleuchtung, greifen sie an. Wer da nicht rechtzeitig in Sicherheit hechtet, ist verloren, wird ohne Erbarmen lebendig zerhackt von rasiermesserscharfen Speichen.

Dieser Schreibschwall hat gut getan; das nennt man Dampfablassen mit den Mitteln der Übertreibung. Tatsache ist, dass im alltäglichen Überlebenskampf auf Straßen und Trottoirs die Radfahrer die am meisten angefeindete Spezies sind. Dabei verstehen sie sich selbst als harmlose Fußgänger auf zwei Rädern. Von den echten Fußgängern aber werden sie als aggressive Eindringlinge in ihr Reich der Langsamkeit wahrgenommen. Dabei sollte jeder wissen, dass der Bürgersteig laut Straßenverkehrsordnung den Fußgängern vorbehalten ist. In Berlin, wo ich zu Hause bin, ist es nun so, dass die Bürgersteige ungewöhnlich breit sind und zum Radfahren geradezu einladen. Bei langsamem, rücksichtsvollem Fahren ist das meist auch kein Problem. Dennoch bleibt es eine Regelverletzung, freilich eine, die längst zur Gewohnheit geworden ist.

Radfahrer, so haben Psychologen herausgefunden, neigen besonders zum Ignorieren von Verkehrsregeln. Das hat mit ihrer Selbstwahrnehmung zu tun. Die höhere Warte und die damit verbundene Erweiterung des Sehfelds vermitteln das Gefühl, alles im Blick zu haben und zudem viel mehr zu hören als der in seinem

Wagen eingeschlossene Autofahrer. Hinzu kommt das Gefühl, mit dem Fahrrad, im Gegensatz zum Auto, schnell reagieren, also ausweichen und abbremsen zu können, was ja in der Tat auch stimmt, da Lenkeingriffe sofort in Richtungsänderung umgesetzt werden. Gute Bremsen ermöglichen ein abruptes Anhalten, während es beim Auto zu langen Bremswegen kommt. Weil der Radfahrer mehr vom Verkehr um ihn herum mitbekommt als der Autofahrer, fühlt er sich wie ein Fußgänger und mischt sich ganz selbstverständlich unter diese.

Doch das falsche Selbstbild des Radfahrers als Fußgänger auf Rädern ist gefährlich. Das gilt vor allem dann, wenn der Radfahrer schnell unterwegs ist – und sich dabei immer noch als harmloser »schneller Fußgänger« fühlt. Dieses falsche Selbstbild führt dazu, dass Radfahrer auf Bürgersteigen meist in viel zu geringem Abstand an den Fußgängern vorbeifahren, ohne das Manöver als gefährlich zu erleben. Der Fußgänger jedoch fühlt sich durchaus gefährdet, vor allem, wenn der Radfahrer von hinten an ihm vorbeischießt. Radfahrer bedenken zum Beispiel auch nicht, dass die Bewegungsenergie im Quadrat der Geschwindigkeit zunimmt. Damit ist die Wucht des Zusammenpralls mit einem Radfahrer, der 30 Kilometer pro Stunde fährt, 36-mal so groß wie bei einem Fußgänger, der mit einer Geschwindigkeit von 5 Kilometern pro Stunde unterwegs ist.

Was die Tendenz zur Regelverletzung bei Radfahrern noch verstärkt, ist die Anstrengung, die das Radfahren mit sich bringt. Auch wenn man gern Rad fährt, möchte man sich dabei möglichst wenig anstrengen. So neigt der städtische Radfahrer dazu, Abkürzungen zu nehmen, auch solche, die er gar nicht nehmen dürfte (Einbahnstraßen, Radwege in entgegengesetzter Richtung, Parkwege), und nicht anzuhalten und abzusteigen, wo dies geboten wäre: bei roten Ampeln. Die werden von Radfahrern fast noch häufiger ignoriert als von Fußgängern.

Ich fürchte nur, dass auch die Erkenntnisse der Psychologen über das falsche Verkehrsverhalten der Radfahrer nichts an diesem ändern wird. Solange sich jeder abwechselnd als Fußgänger, Radfahrer und Autofahrer durch die Welt bewegt und dabei Regeln verletzt, sollte sich niemand über den andern aufregen. Wahrscheinlich gibt es sogar jede Menge Psychologen, die mit Fahrrädern auf Bürgersteigen fahren. Aber vielleicht zeichnet gerade das eine zivilisierte Gesellschaft aus: dass Regeln auch dazu da sind, gelegentlich übertreten zu werden. Sonst bleibt dem Fußgänger nur eines zu raten: Sturzhelm aufsetzen und einen Airbag umschnallen!

Von Müsli und Zitronensaft – und anderen Bagatellen

Warum bezahlen wir mit Geld?

Dass wir mit Geld bezahlen, ist durchaus nicht selbstverständlich. Wir könnten auch mit etwas anderem bezahlen, etwa mit Kartoffeln, Glasmurmeln oder Gummibärchen. Das wäre nur ziemlich umständlich. Man stelle sich vor, wir wollten ein Fahrrad kaufen und mit Kartoffeln bezahlen. Wir bräuchten einen Kleintransporter, um unser Zahlungsmittel zum Fahrradgeschäft zu bringen, wobei wir nicht mal wüssten, ob der Fahrradhändler an Kartoffeln als Zahlungsmittel interessiert ist.

In der Menschheitsgeschichte ist tatsächlich mit allem Möglichen gezahlt worden. In einfachen Gesellschaften herrschte der Warentausch vor. Bereits in der Steinzeit wurden Gebrauchsgegenstände wie Äxte oder Spieße als allgemeines Tauschmittel verwendet, ebenso Tiere.

Wer Kartoffeln hatte, aber keine Eier, der ging mit seinen Kartoffeln zu dem, der Eier hatte, und tauschte das eine gegen das andere. Man nennt das eine Naturalwirtschaft. Doch der Transport war zu umständlich. Um den Tausch einfacher zu gestalten, kam der Mensch schließlich auf die Idee, ein allgemeines, handliches, also leicht zu bewegendes Tauschmittel einzuführen, mit dem jeder sein Bedürfnis nach Tauschmöglichkeit befriedigen konnte. Das Tauschmittel musste von allen als Wertmaßstab anerkannt sein. Und genau das zeichnet Geld aus; es gilt als Tauschmittel überall gleich. Das Wort »Geld« kommt von »gelten«. Mit »Gelt« war ursprünglich jede Leistung gemeint, die jemand zu entrichten hatte, besonders auch das Opfer für die Götter.

Das älteste als Geld zu bezeichnende Tauschgut ist das Gehäuse der Kauri-Muschel, die eigentlich eine Schnecke ist und im Indischen und Pazifischen Ozean auf Korallen lebt. Diese Gehäuse dienten in weiten Teilen Asiens und Afrikas bis ins 19. Jahrhundert als Zahlungsmittel. Daneben gab es aber noch anderes »Geld«, etwa

Tierzähne, Federn oder besondere Steine. Es mussten Dinge sein, deren Wert einigermaßen stabil blieb und die lange haltbar waren.

Wieso gerade die Kauri-Muschel als erstes Geld, das heißt übergeordneter Wertmesser, so geeignet war, liegt auf der Hand: Es war selten und dadurch wertvoll; zudem hatte es einen Gebrauchswert als Schmuck. Einen Mangel hatte es allerdings auch: Es nutzte sich ziemlich schnell ab, verlor also seinen Wert durch bloßen Gebrauch.

Man möchte es kaum glauben, aber Anfang des 19. Jahrhunderts kostete eine Frau in Uganda nur zwei kleine Kauris. Daran sieht man, wie wertvoll dieses natürliche Zahlungsmittel damals war, oder umgekehrt: wie gering man den Wert einer Frau bezifferte. Fünfzig Jahre später musste man 10 000 Kauris für eine Frau bezahlen. Um 1880 bekam man in Afrika für fünf Kauris gerade mal ein Ei.

Im europäischen Kulturkreis, wo schöne haltbare Schneckengehäuse kaum zu finden sind, kam man schließlich im 7. Jahrhundert v. Chr. auf die Idee, Münzen zu prägen; sie bestanden aus Elektron, einer Gold-Silber-Legierung. In China waren es Kupfermünzen, die nach und nach das auch dort verwendete Muschelgeld verdrängten. Im antiken Griechenland wurden fast nur Silbermünzen hergestellt. Die damals gebräuchliche Münze hieß Drachme; der Name hat sich beim griechischen Geld bis heute erhalten. Auch die Römer kannten seit dem 3. Jahrhundert v. Chr. das Geld als Zahlungsmittel: schwere Bronzemünzen. Später wurden diese durch Silbermünzen (Denar) und Goldmünzen (Aurei) ersetzt. Als die Römer den Silbergehalt ihrer Denare immer weiter verringerten, ohne den Wechselkurs zur Goldmünze entsprechend anzupassen, kam ihr ganzes Geldsystem ins Wanken. Die Bürger verweigerten die Annahme des Denars, weshalb dieser stetig an Wert verlor. Gleichzeitig bezahlten die Bauern ihre Steuern nicht mehr mit Naturalien, also mit Vieh und Getreide, sondern mit dem schwächelnden Denar. Die Folge war dramatische Geldentwertung, eine Inflation.

Eine flächendeckende Inflation erlebte Europa im 16. Jahrhundert. Der Grund: Überall wurden große Silbervorkommen entdeckt. Zudem brachten die Spanier riesige Mengen geraubten Goldes aus Übersee nach Europa. Immer mehr Münzen kamen in Umlauf, ohne dass gleichzeitig die Warenproduktion entsprechend zugenommen hätte. Es entstand ein Überhang an Kaufkraft; für sein Geld bekam man immer weniger. So stiegen zum Beispiel die Preise für Getreide in Frankreich und Italien im Laufe des 16. Jahrhunderts um fast das Fünffache.

Seit dem Mittelalter entwickelte sich das Papiergeld aus dem Wechsel, und zwar zunächst lediglich als Ersatz für hinterlegtes Silber- oder Gold-Geld. Der Wechsel ist eine Urkunde, mit der sich der Aussteller derselben verpflichtet, eine bestimmte Geldsumme an den Inhaber der Urkunde zu zahlen. Zu Beginn des 19. Jahrhunderts ging England als erstes Land zur Goldwährung über. Diese wurde im Laufe des 19. Jahrhunderts zur international anerkannten Währungsform der freien Weltwirtschaft. Im Zuge dieser Gold-Umlaufwährung wurden in England und den USA Banknoten aus Papier als Tauschmittel eingesetzt. Papier ist allerdings nicht viel wert. Das System funktioniert nur auf der Grundlage des Vertrauens: Der Besitzer von an sich wertlosem Papier vertraut darauf, dass die Notenbanken das Papiergeld jederzeit in Silber- oder Goldmünzen eintauschen. Bis heute begründet sich das Geldwesen auf dieses Vertrauen. Ohne dieses Vertrauen würde auch niemand sein Geld einer Bank zur Aufbewahrung geben. Im heutigen Währungssystem hat das Gold allerdings seine Funktion als Deckung für das umlaufende Papiergeld weitgehend eingebüßt. Seit 1978 ist Gold nicht mehr Ausdrucksmittel für den Preis der angeschlossenen Währungen. Vielmehr müssen die Staaten den Wert ihrer Währungen über Währungsreserven (Buchgeld) sichern. Diese werden vom Internationalen Währungsfond (IWF) kontrolliert. Oder anders gesagt: Die Staaten müssen zusehen, dass sie stets genügend Geld auf ihrem Konto haben.

Doch das Vertrauen war nicht immer gerechtfertigt. Besonders im Ersten Weltkrieg und der darauf folgenden Inflation erlebte das

Papiergeld in Deutschland eine schwere Krise. Die Kriegskosten und die Zahlungen an die Siegermächte ruinierten den Staat, der in seiner Not immer mehr Banknoten druckte, ohne dass diesen irgendwelche Güter oder Goldreserven gegenüberstanden. Im Dezember 1922 hatten die Preise das 700-fache von 1913 erreicht, im Juni 1923 das 7650-fache. Ende 1923 kostete ein Brot 600 Milliarden Mark. In solchen Zeiten flüchten sich die Menschen in die Naturalwirtschaft: Zigaretten, Schmuck, Eier, Brot und Butter – im Prinzip werden alle Dinge, die einen allgemeinen Gebrauchswert haben, wieder zu Zahlungsmitteln. Wer nichts davon hat, kann nur noch seine Arbeitskraft als Tauschmittel anbieten, doch gibt es in solchen Zeiten kaum Arbeit.

Heutzutage werden viele Geschäfte ohne Geld abgewickelt; man zahlt mit einer EC-Karte oder Kreditkarte, also mit Buchgeld, das sich als Guthaben auf einem Konto befindet. Diese moderne Form des Zahlens erweist sich leider oft als ziemlich umständlich. An der Kasse des Supermarkts ist das uralte Geld immer noch die praktischere und schnellere Zahlungsweise. Und dabei hat es auch noch eine sinnliche Qualität, selbst für den, der davon nur wenig in der Tasche hat. Denn wenig Geld im Beutel, so sagt ein Sprichwort, klingt am meisten.

Warum haben wir fast nur deutsche Euros im Portemonnaie?

Als armer kleiner Schreiber – und zu dieser Spezies gehört der Autor dieses Buches – kann man froh sein, wenn man überhaupt ein paar Euros in der Tasche hat. In welchem Land sie geprägt wurden, ist dem Hungerleider ziemlich egal.

Auch als Mathematiker zählt man gewiss nicht zu den Menschen mit dickem Geldbeutel. Dennoch entwickelten die Angehörigen dieses Berufsstandes lange vor Einführung des Euros ihre Theorien zur Durchmischung der 120 verschiedenen Münzen in der Euro-Zone. Es herrschte sehr schnell Einigkeit unter den Fachleuten: Bereits zum Ende des ersten Euro-Jahres sollte jeder (Schreiberlinge und andere soziale Härtefälle ausgenommen) eine bunte Münzenvielfalt in seiner Geldbörse vorfinden. Fehlanzeige! Auch nach einem Jahr, also zu Beginn des Jahres 2003, hatte man es fast ausschließlich mit deutschen Münzen zu tun.

Vielleicht bestand ja der Denkfehler der Mathematiker darin, die Euros mit Gasmolekülen gleichzusetzen. Sie hatten nämlich die Münzwanderung in Europa als einen so genannten Diffusionsprozess betrachtet, wie er in der Physik beschrieben wird: als Prozess des ausgleichenden Auseinanderfließens, wie er in der Vermischung von Gasen oder Flüssigkeiten zu beobachten ist. Entsprechend stellten sich die Wissenschaftler die 15 Euroländer als 15 Behälter vor, die mit unterschiedlichen Gasen gefüllt und durch (zunächst verstöpselte) Röhren verbunden sind. Am 1. Januar 2002 wurden diese imaginären Stöpsel gleichzeitig herausgezogen und die Gase (= Münzen) sollten sich von da an mehr und mehr vermischen, bis sich schließlich in allen Behältern (= Ländern) das gleiche Gemisch einstellen würde.

Deutschland sollte bei bei diesem Münzen-Gemisch mit etwa 35 Prozent beteiligt sein, Frankreich mit 17 Prozent und alle übrigen Länder entsprechend der von ihren Nationalbanken ausgegebenen Münzmengen. Bereits nach einem Jahr, so die Prognosen der Mathematiker, sollte eine gleichmäßige Durchmischung erreicht sein. In Deutschland betrug im Dezember 2002 der »Ausländeranteil« unter den Ein-Euro-Münzen gerade mal 2,9 Prozent und zeigte sogar eine fallende Tendenz. In kleinen Ländern wie Belgien oder den Niederlanden war es nicht viel anders: Drei Viertel des Münzbestandes kam aus dem eigenen Land, obwohl dort nur jeweils 5 Prozent aller Euro-Münzen geprägt wurden.

Nach den Ursachen für die falsche Vorhersage wurde lange gerätselt. Schließlich machten die Wissenschaftler die Münzsammler verantwortlich, die jede ausländische Münze, die ihnen in die Hände kommt, sofort aus dem Verkehr ziehen. Nur, irgendwann hat jeder Sammler alle Münzen, und dieser Zeitpunkt dürfte längst erreicht sein. Doch noch immer (Stand Oktober 2003) keine ausländischen Euros! Der Verdacht liegt also nahe, dass die Mathematiker mit dieser plumpen Erklärung nur von den Mängeln ihrer Rechenmodelle ablenken wollen. Um so hartnäckiger halten sie an ihren Prognosen fest und ändern nur den Zeitrahmen, in welchem sie eintreffen werden: In etwa 20 Jahren, so heißt es jetzt, wird die vollständige Durchmischung erreicht sein. Bis dahin wird aus dem armen kleinen Schreiberling ein noch ärmerer und noch kleinerer Rentenempfänger geworden sein mit einer vollkommenen Durchmischung der Leere in seinem Portemonnaie.

Was lernen wir aus diesem Alltagsrätsel? Wir lernen, dass Geld sich weder wie ein Gas noch wie eine Flüssigkeit verhält, egal, ob man selber »flüssig« ist oder »auf dem Schlauch steht«. Und noch etwas lernt man, was man eh schon weiß: Experten liegen mit ihren Expertisen öfter falsch.

Warum kommt es auf Autobahnen zu »Staus aus dem Nichts«?

Der Straßenverkehr wird gern mit fließendem Wasser verglichen, bei Gelegenheit auch mit Zähflüssigem, das, wie im Märchen vom süßen Brei, durch die Straßen quillt. Von einem Blechbrei könnte man also sprechen, spricht aber meistens von einer Blechlawine, was allerdings ein ziemlich schiefes Bild ist: Wer hat jemals »erdrutschartigen Verkehr« oder »an Hängen niedergehende Automassen« erlebt? Aber wer weiß, vielleicht blüht uns das für die Zukunft.

Der klassische Verkehrsrückstau vor einem Hindernis, zum Beispiel nach einem Unfall oder vor einer Fahrbahnverengung, gehorcht ganz einfachen, leicht zu durchschauenden Gesetzen: Ab einer bestimmten Verkehrsdichte bewirkt jede Fahrbahnverengung mit naturgesetzlicher Notwendigkeit einen Rückstau von Fahrzeugen. Wenn auf drei Autobahn-Spuren pro Sekunde drei Fahrzeuge vorüberfahren, aber das Hindernis nur von einem Fahrzeug pro Sekunde passiert werden kann, muss sich der Fahrzeugfluss notgedrungen aufstauen. Hierzu sollte es eigentlich keine Erkenntnisprobleme geben. Daraus folgt: Über Staus muss man sich nicht wundern – es sei denn, man erlebt einen Stau, dem das Hindernis fehlt. Dann ist Verwunderung durchaus angebracht.

Solche »Staus aus dem Nichts« hat gewiss schon jeder mal erlebt: Man ist im Stau und war eben noch im schönsten Verkehrsfluss. Irgendwann geht es weiter, ohne dass man an einer Baustelle oder einem Unfall vorbeigekommen wäre. Wie erklärt sich das?

Solchen Fragen gehen Stauforscher auf den Grund. Ihre Wissenschaft, die Stauforschung, hat längst den Rang einer mathematisch-naturwissenschaftlichen Theorie. Von nichts kommt nichts, so lautet ein physikalisches Grundgesetz, und das muss selbstverständlich auch für Staus gelten. Auch ein Stau kommt nur scheinbar aus dem Nichts; auch er hat, wie alles, seine Ursachen. Staus aus dem Nichts treten erst ab einer bestimmten Verkehrsdichte auf; man spricht von »hohem Verkehrsaufkommen«. Der Autoverkehr fließt noch, er fließt sogar ziemlich schnell, aber auf kritischem, ausgereiztem Niveau. Es bedarf nur noch einer kleinen Störung, um eine große Wirkung hervorzurufen – einen Stau eben. Manchmal ist es ein überholender Lastwagen, der endlos lange für den Überholvorgang braucht, manchmal ist es nur der Spurwechsel eines Autos an einer Autobahnauffahrt, ein andermal ein Raser, der plötzlich stark abbremst. Dann müssen auch alle nachfolgenden Fahrzeuge verstärkt abbremsen. Es kommt zum Stillstand. Zwar wird dieser ganz vorne rasch wieder aufgelöst, doch braucht jedes Fahrzeug zur Beschleunigung relativ viel Zeit. Die Auflösung vorne geht wesentlich langsamer vor sich als die Staubildung am Ende, wo die Autos fast im Sekundentakt zum Stehen kommen. Wie eine Welle schiebt sich die Verdichtung entgegen der Fahrtrichtung mit einer Geschwindigkeit von ca. 15 Kilometern pro Stunde. Man kennt diesen Effekt ja von städtischen Ampelanlagen: Längst hat die Ampel von Rot auf Grün geschaltet, der vorderste Wagen ist auch sofort losgefahren, aber bis sich nach und nach die folgenden Autos in Bewegung setzen, vergeht ziemlich viel Zeit.

Was die Stauforschung so schwierig macht, ist der Umstand, dass ein Stau nicht nur nach den einfachen Gesetzen der Schulphysik funktioniert. Fahrende Autos kann man nicht mit rollenden Kieselsteinen vergleichen. Denn in den Autos sitzen Menschen mit individuellen Verhaltensweisen. Die Physik muss in diesem Fall mit der Psychologie verknüpft werden. Staus gehorchen einer »Psychophysik«, wenn man so will.

Die Frage ist allerdings, ob die Rätsel des Staus überhaupt gelöst werden sollen. Wollen wir wirklich ohne Staus leben? Sucht der deutsche Autofahrer nicht insgeheim den Stau? Wer zwingt ihn denn, am ersten Samstag der Schulferien morgens ins Auto zu steigen und nach Italien aufzubrechen? Nun, die Lust auf Gleichmacherei, so könnte man sagen. Denn im Stau sind alle gleich, egal, ob einer in seinem Ferrari Testarossa sitzt oder in seinem alten VW-Jetta, Baujahr 1982 (= Fahrzeug des Autors). Und sieht man nicht, wenn's endlich weitergeht, in den Augen der Stau-Menschen einen Schimmer von Wehmut und Traurigkeit? Es war so schön im Stau.

Warum verbraucht ein voller Kühlschrank weniger Energie als ein leerer?

Kühlschränke und Kühltruhen sind dazu da, dass man ihnen bei Bedarf etwas zum Verzehr entnehmen kann. Bleibt ein Kühlschrank fortwährend geschlossen, so ist es unerheblich, ob er leer oder voll ist. Der Stromverbrauch ist dann in beiden Fällen etwa der gleiche.

Ein wenig anders verhält es sich, wenn der Kühlschrank mehrmals am Tag geöffnet wird, was gewöhnlich ja auch der Fall ist, gerade an heißen Tagen, wenn es einen nach kühlen Getränken verlangt. In diesem Fall kann in einen weitgehend leeren Kühlschrank viel mehr warme Umgebungsluft einströmen als in einen vollen. Diese einströmende Warmluft muss dann von der Kältemaschine wieder hinaustransportiert werden, was Energie kostet. Der nur leidlich gefüllte Kühlschrank verbraucht also ein wenig mehr Energie als der volle.

Im alltäglichen Leben ist der Unterschied aber schon deshalb unerheblich, weil man einen leeren Kühlschrank ohnehin nicht öffnet – oder aber: Man öffnet ihn und macht ihn, der schrecklichen Leere wegen, gleich wieder zu. Die Warmluft hat kaum Zeit, einzuströmen. Am meisten Strom verbraucht ein leerer Kühlschrank, der soeben mit Lebensmitteln bis zum Rand gefüllt wurde. Und das ist uns von allen Varianten denn doch die liebste – Stromverbrauch hin oder her.

Warum sind so viele Bauwerke aus Beton?

Beton hat einen schlechten Ruf. In einem Haus ganz aus Beton will niemand wohnen. Auch mit Betonköpfen will man nichts zu tun haben. Schon die Farbe dieses Baustoffs ist wenig anziehend: grau. Grau ist das »Aschenputtel« unter den Farben, die Farbe des Unauffälligen und Unklaren. Der graue Beton steht in starkem Kontrast zu allem Natürlichen, denn Grau kommt in der Natur fast gar nicht vor, von einigen Gesteinen und Metallen abgesehen. In der Pflanzenwelt fehlt das Grau. So ist Grau eine schlecht angesehene Farbe; sie steht für Langeweile, Trostlosigkeit, Eintönigkeit, Elend. Das Grau der Regentage verbreitet eine trübselige, gedrückte Stimmung. Und man spricht vom grauen Alltag, dem öden Trott der immer gleichen Tage. Allerdings kann Grau, zum Beispiel in der Garderobe, durchaus auch Eleganz zum Ausdruck bringen.

Der schlechte Ruf des Betons steht im eigenartigen Kontrast zu seiner massenhaften Verwendung überall in der Welt. Die moderne Architektur ist ohne Beton nicht denkbar. Schon daran sieht man, dass Beton seinen schlechten Ruf nicht verdient hat. Vor allem hat er ihn nicht selbst verschuldet.

Es ist immer die Frage, wie man diesen Baustoff einsetzt. Zum Beispiel wären die faszinierendsten Bauwerke der Moderne ohne Beton gar nicht zu Stande gekommen. Kein anderer Baustoff ist so vielgestaltig. Das ist die andere Seite von »Aschenputtel«. Beton muss nicht grau und langweilig sein; zudem bietet er alle Möglichkeiten, wirtschaftlich, umweltfreundlich, sicher und ästhetisch zu bauen. Im Gegensatz zu anderen Baumaterialien, wie Holz, Ziegel oder Bruchstein, lässt sich der zunächst flüssige Beton mithilfe von Verschalungen fast in jede gewünschte Form bringen. Beton ist so gut wie feuerfest, was für Wohngebäude von größter Wichtigkeit ist. Fester Beton ist zwar ein ziemlich sprödes Material, doch mittels

Stahleinlagen gewinnt er eine unglaubliche Zugfestigkeit. Längst muss Beton nicht mehr grau sein; es gibt weiße, schwarze und farbige Varianten, und seine Oberfläche lässt sich vielfältig strukturieren, sodass er von Holz oder Naturstein kaum noch zu unterscheiden ist.

Im Grunde haben bereits die Baumeister der Antike Beton verwendet. Das Wort selbst weist schon darauf hin, stammt es doch vom lateinischen »bitumen« ab, was »Erdharz« bedeutet. Bereits 12 000 Jahre vor unserer Zeit wurde Mörtel aus gebranntem Kalk verwendet, um Steine oder Ziegel zu verbinden. Das alte Seefahrervolk der Phönizier mischte vulkanisches Gestein unter den Kalkmörtel, wodurch er hydraulisch wurde, also sogar unter Wasser abband. Die römischen Baumeister mischten grob zerkleinerte Ziegelsteine, Tuffsteine oder Marmorbrocken unter den Kalkmörtel und nannten das Ganze *Opus caementicium*; es war der historisch älteste Beton. Mit ihm ließ sich die berühmte Kuppel des römischen Pantheons errichten – aus Gussbeton mit 43,30 Metern Durchmesser. Von »Opus caementicium« leitet sich das Wort »Zement« ab, womit ursprünglich gestoßener Kalk- oder Ziegelstein gemeint war. Heutiger Zement ist eine Mischung aus kalk-, silicium- und aluminiumhaltigem Gestein, die bei 1450 Grad Celsius gebrannt wird. Beton ist eigentlich nichts anderes als ein Gemisch aus Zement, Wasser, Sand und anderen Zusatzstoffen. Als Zusatzstoffe dienen Schwerspat, Magnetit, Schwermetallschlacken oder Stahlschrott, was so genannten Schwerbeton ergibt. Normalbeton erhält man durch Zusatz von Splitt, Kies, Schotter, Metallschlacken, Glas-, Stahl- oder Kohlenstofffasern. Leichtbeton enthält Lavasand, Bimsstein, Tuffstein, Holzfasern, Schaumstoffe oder Flugasche.

Aus dem breiigen Gemisch entsteht fester Beton durch das so genannte Abbinden. Der Zement ist dabei das aktive Element. Beim Anrühren des Zements entsteht Zementleim, der die verschiedenen Zusatzstoffe umhüllt. Beim Abbinden fällt an den Oberflächen der Zementteilchen wasserunlösliches Calciumsilicathydrat aus und bildet Kristalle, die für die Festigkeit des Betons verantwortlich sind.

Die zunächst kleinen Kristalle wachsen und durchdringen einander; sie bilden ein durchgängiges Gitter, das den gesamten Baustoff wie ein Netzwerk durchzieht. Der Vorgang des Abbindens kann je nach Zementtyp zwischen einigen Minuten und mehreren Stunden dauern, wobei das Volumen um etwa zehn Prozent schrumpft. So lässt sich Beton nach Bedarf formen und seine Oberfläche strukturieren. Die Aushärtung erfolgt auch unter Wasser. Beim Aushärten des Betons bilden sich lufthaltige Poren, die immerhin drei Prozent des Volumens ausmachen. Beton ist somit ein durchaus luftiges Material; man sieht es ihm nur nicht an. Beton »atmet«.

Beton, dieser scheinbare Allerweltsstoff, gibt weiterhin Rätsel auf. Denn obwohl Chemiker den Abbindevorgang seit über hundert Jahren untersuchen, ist er noch immer nicht vollständig geklärt. Auch die moderne Anwendung dieses vielseitigen Materials lässt Beton inzwischen in einem rätselhaften Licht erscheinen. Wie gesagt: von wegen grau und langweilig! Star-Architekten gestalten mit Beton regelrechte Fassadenbilder in wohltuenden Farbtönen. Oft muss man als Laie schon sehr genau hinsehen, wenn man das Baumaterial Beton erkennen will. Schließlich schaut man ja durch die dicke Wolke seiner Vorurteile. Beton ist längst nicht mehr grau und tot. Beton lebt. Es lebe der Beton!

Warum klebt beim Duschen der Duschvorhang am Körper?

In unserem Badezimmer gibt es keinen Duschvorhang. Wir duschen in der Badewanne mit freiem Blick auf den überschwemmten Fußboden und die nassen Wände. Diese Unbill nehmen wir gerne in Kauf. Denn nichts schmälert die Duschlust so sehr wie ein nasser Duschvorhang, der sich, von magischen Kräften bewegt, zum Körper des Duschenden hinzieht und kalt an dessen Armen oder Beinen festklebt. Da Duschkabinen in der Regel sehr eng sind, hat man kaum die Möglichkeit, sich dem anhänglichen Objekt zu entziehen. Meist hilft ein simpler Trick: den Vorhang unten an der Duschwanne mit Wasser festkleben.

Damit wäre das Problem praktisch gelöst. (Noch besser ist freilich eine feste Kabine mit Schiebetür!) Aber wie steht es mit der theoretischen Lösung? Diese liefert die seit langem bekannte Bernoulli-Gleichung. Weil wir aber mit komplizierten mathematischen Gleichungen nichts zu tun haben wollen, geben wir uns mit dem zufrieden, was die Gleichung bedeutet, nämlich etwas ganz Einfaches: Die Temperatur innerhalb der Duschzelle ist – zumindest bei Warmduschern, zu denen wir alle gehören – höher als die Temperatur außerhalb. Aus diesem Grund – und wegen des höheren Wasserdampfgehalts – ist die Dichte der Luft drinnen geringer als draußen; es entsteht ein leichter Unterdruck, der den Vorhang nach innen zieht.

Mit dieser Erklärung gab man sich bis vor kurzem zufrieden. Dann aber setzte sich ein amerikanischer Ingenieurwissenschaftler an einen Computer mit einem 30 000 Dollar teuren Spezialprogramm. Er simulierte die Vorgänge in einer Duschzelle in Milliarden von Rechenoperationen. Es zeigte sich, dass neben dem genannten Unterdruck noch eine Art von Minitornados für die lästige Vorhangbewegung verantwortlich ist. Die Reibungskräfte zwischen den Tropfen und der Luft bremsen das herabströmende Wasser. Durch diese Verzögerung bilden sich winzige Luftwirbel um die Tropfen herum, die alle zusammen am Duschvorhang ziehen. Mit Rauch, den man in die Duschkabine bläst, kann man diese kleinen Duschtornados sogar sichtbar machen. Der Duscher hat von dieser wissenschaftlichen Erkenntnis freilich gar nichts. Auch wenn man weiß, warum der Vorhang klebt – er klebt trotzdem weiter.

Warum kann Zitronensaft zur Geheimtinte werden?

Wer will als Kind nicht Detektiv, Spion, Geheimagent sein? Wer hegt nicht als Kind – und vielleicht auch als Erwachsener – den Wunsch, sich bei passender Gelegenheit unsichtbar machen zu können? Oder wenigstens: Dinge unsichtbar machen, einfach verschwinden lassen! Zauberer, Magier sein!

Diese Wünsche müssen Wünsche bleiben. Dabei fragt man sich, wieso eigentlich nicht mehr Menschen den Beruf des Zauberkünstlers und Illusionisten wählen. Als kleinen Trost, als einen Hauch von Magie, habe ich hier nur Zitronensaft anzubieten – Zitronensaft-Magie! Man stibitze der Mutter oder sonst wem eine Zitrone aus dem Kühlschrank. Falls keine vorhanden ist, tut's auch Milch; »Milch-Magie« klingt auch nicht schlecht. In den ausgepressten Saft der Zitrone – oder in die Milch – tauche man ein zugespitztes Holzstäbchen oder einen Federkiel und schreibe die Geheimbotschaft auf Papier. Nach dem Trocknen ist die Schrift fast nicht mehr sichtbar. Sie fällt vor allem dann nicht auf, wenn sie zwischen die Zeilen einer normal geschriebenen »Tarnbotschaft« geschrieben wurde.

Aber die Schrift verschwindet nicht nur, sie taucht auch wieder auf, wenn man will. Zu diesem Zweck muss man das beschriebene Blatt nur über eine Kerzenflamme halten, freilich in genügend großem Abstand, damit das Papier nicht anbrennt. Die Wärme lässt die Geheimschrift gut lesbar in gelb-bräunlicher Farbe erscheinen.

Und wie erklärt sich diese »Zauberei«? Ganz einfach: Die Färbung entsteht durch Verkohlung von organischen Substanzen im Zitronensaft oder in der Milch. Diese sind weniger hitzebeständig als das Papier, auf dem sie aufgetragen sind. In diesem Fall ist die ganze Zauberei nichts anderes als simple Chemie. Andererseits: Chemie ist die Zauberei schlechthin.

Warum liegen die dicken Nüsse in einer Müslipackung oben – oder unten?

Wozu gibt es die Wissenschaft? Damit ins Dunkel des gelebten Augenblicks ein wenig Licht falle. Und so erklärt sie uns die Welt mit allem, was darin ist, damit sie hell werde, klar und durchschaubar. Ein paar Fragen sind zwar weiterhin offen, etwa diese: Wie kam es zum Urknall? Wie entstand Leben aus toter Materie?

Mit diesen großen und letzten Welträtseln können wir ganz gut leben, liegen sie doch Milliarden Jahre zurück. Ein anderes großes Rätsel des Universums beschäftigt uns hingegen täglich und lässt uns und die Wissenschaft nicht zur Ruhe kommen. Eine wirklich knifflige Frage: Warum liegen die dicken Nüsse und Fruchtstücke in einer Müslipackung alle entweder oben oder unten? Wieso sind sie niemals gleichmäßig aufs ganze Müsli verteilt?

Die Frage ist durchaus keine Scherzfrage. Und genau das macht uns des Morgens so mürrisch und lässt uns den Tag mit Selbstzweifeln – und tiefem Zweifel an der Wissenschaft – beginnen.

Gottlob gibt es die Universität Bayreuth. Dort wird schon seit längerem verbissen Müsliforschung betrieben, was jene Menschen, die kein Müsli mögen, natürlich fragen lässt, ob man an der Bayreuther Uni nichts Besseres zu tun hat. In der Wissenschafts-Zeitschrift »Physical Review Letters«, Band 90, Nummer 014302 des Jahres 2003, haben die Forscher die Ergebnisse ihrer Experimente veröffentlicht. Sie teilen der Welt (der Müsli-Esser) mit, dass bei einem bestimmten Verhältnis von Kleinem und Großem im Müsli durch Schütteln die dicken Teile, voran die Paranüsse, nach oben wandern. Wird das Mischungsverhältnis nur gering verändert, wandert das Dicke nach unten. Mitentscheidend ist dabei, wie heftig geschüttelt wird.

Da staunt der Laie! Als hätten wir das nicht eh schon gewusst. Er staunt aber vor allem deshalb, weil dieses Forschungsergebnis den

Kern der Frage offen lässt: Warum wandern die Paranüsse? Welche physikalischen Kräfte sind da am Werk? Die Schwerkraft allein kann es nicht sein. Die Schüttelkräfte wirken ebenfalls, aber wie wirken sie? Hier wird nur etwas festgestellt, das jeder mit seinem eigenen Müsli auch feststellen kann. Dieses unbefriedigende Forschungsergebnis verwundert jedoch nicht weiter, wenn man Genaueres über die Art des Laborversuchs erfährt: Die Forscher haben gar nicht das Verhalten eines echten Müslis untersucht, sondern ein »Müsli« aus Glas-, Plastik-, Holz- und Metallkügelchen. Da taucht im gesunden Menschenverstand sofort die Frage auf, ob es nicht an der Zeit ist, mal die Forscher selbst kräftig durchzuschütteln und an den Ohren zu ziehen.

Andererseits hat der große Physiker Albert Einstein über den gesunden Menschenverstand gesagt, dieser sei nichts anderes als eine Ansammlung von Vorurteilen, die der Mensch sich im Laufe seines Lebens zulegt. Und so schweigen wir betreten, essen stumm unser Müsli und machen uns lieber Gedanken zum Urknall. Obwohl – zu tief darf man darüber auch nicht grübeln, denn der Urknall hat zur Folge, dass sich das Universum, mit allen Müslipackungen darin, rasend schnell ausdehnt und am Ende irgendwann und irgendwie vergeht. Wenn das aber der Fall ist, so fragt man sich doch mit seinem gesunden Menschenverstand, wieso man überhaupt Bücher schreibt, Hausaufgaben macht, Müsli isst und Müsliforschung betreibt?

Warum können sich Dinge nicht selber vermehren?

Der französische Philosoph René Descartes (1596–1650) vertrat die Ansicht, dass die Tiere, im Unterschied zu den Menschen, keine Seele besäßen. Er zog daraus den Schluss, dass man die Tiere als Maschinen und Automaten betrachten und entsprechend behandeln könne. Als er seine absonderliche Theorie einmal der Königin Christina von Schweden darlegte, soll diese auf eine Uhr gezeigt und entgegnet haben: »Dann seht zu, dass sie Nachkommen hat!« Das Gesicht von Descartes hätten wir in diesem Augenblick gerne gesehen. Dieser ansonsten geniale Denker hatte hier einen kapitalen philosophischen Bock geschossen. Da ist jedes Kind klüger; es weiß, dass Tiere keine Maschinen sind. Pflanzen auch nicht.

Aus einem Kirschkern entsteht mit etwas Gück ein Kirschbaum und dieser wird irgendwann Kirschen tragen, die ihrerseits wieder Kirschkerne enthalten. Ein Kirschkern gleicht rein äußerlich einem Kieselstein und besitzt doch eine Fähigkeit, die dieser nicht hat: sich selbst zu vervielfältigen. Diese Fähigkeit zur Selbstvermehrung gilt von jeher als entscheidender Unterschied zwischen Belebtem und Unbelebtem.

Eine Maschine, so dachte man bis ins 20. Jahrhundert hinein, wird niemals in der Lage sein, eine exakte Kopie seiner selbst hervorzubringen. Bestenfalls ist eine Maschine in der Lage, eine andere Maschine herzustellen, doch diese hergestellte Maschine wird notgedrungen viel einfacher sein als der Apparat, der sie hergestellt hat. Die Naturgesetze der Physik verlangen das.

Heute sind sich die Wissenschaftler in dieser Frage gar nicht mehr so sicher. Das liegt daran, dass die Frage nicht mehr nur philosophisch gestellt wird, sondern sich längst Naturwissenschaftler und Techniker damit befassen.

Die gedanklichen Vorarbeiten hierzu leistete der geniale Mathematiker und Physiker John von Neumann (1903–1957). Er überlegte, wie eine Maschine, die sich selber neu herstellen kann, beschaffen sein müsste. Nun, sie müsste im Prinzip wie eine lebende Zelle funktionieren, also wie die einfachste aller Lebensformen. Was ihre Selbstvermehrung betrifft, so macht jede Zelle einen doppelten Gebrauch von ihrer Selbstbeschreibung, wie sie in der DNS, also dem Erbgut, vorliegt. Zum einen wird die DNS als Bauplan zur Herstellung von Eiweißmolekülen (Proteinen) verwendet, zum andern wird sie bei der Zellteilung unverändert kopiert, also verdoppelt. Je ein Exemplar wird den beiden Tochterzellen mitgegeben.

John von Neumann erkannte dieses Prinzip des doppelten Gebrauchs, noch ehe die Biologen die Rolle der DNS verstanden hatten. Es war sogar umgekehrt: Neumanns Überlegungen gaben den Genforschern entscheidende Denkanstöße.

In der praktischen Umsetzung dieser Erkenntnisse sind die Forscher allerdings noch nicht sehr weit gekommen. Ihre Zell-Automaten existieren vorerst nur virtuell auf dem Computer-Bildschirm. Das hat freilich den Vorteil, dass man sich um ihre Energieversorgung und Stabilität nicht kümmern muss – zwei Hauptprobleme bei der Konstruktion echter Zell-Automaten. Das mittels Computer zu lösende Problem ist schwierig genug. So stellt sich zum Beispiel die Frage, wie der Informationsfluss innerhalb des Zell-Automaten verlaufen könnte. Oder: Wie ergibt sich eine Selbstvervielfältigung aus den unzähligen Wechselbeziehungen zwischen den Molekülen einer Zelle?

Erste praktische Anwendungen dieser computergestützten Forschung führten immerhin schon zur Entwicklung sich selbst reparierender Computerchips. Sollte es tatsächlich einmal Maschinen geben, die sich selber vermehren, so werden es anfangs mit Sicherheit winzig kleine Maschinen sein, so genannte Nano-Maschinen. Diese bestehen nur aus wenigen Molekülen, sind also um vieles einfacher gebaut als eine lebende Zelle.

Die Natur selbst bringt solche Nano-Maschinen in Zellen zum Einsatz: so genannte Myosin-Moleküle. Wie winzige Seiltänzer schreiten sie auf den gewundenen Ketten des Eiweißstoffs Actin dahin, um gleichsam als Lastenträger wichtige Stoffe in den Zellen hin und her zu transportieren. Amerikanischen Forschern ist es gelungen, Myosin-Moleküle zu beobachten. Das Molekül ist tatsächlich wie ein Strichmännchen aufgebaut; es besteht aus einem »Körper« mit zwei »Beinen« und setzt wie ein Seiltänzer einen »Fuß« vor den andern. Man spricht bei solchen Molekülen von »molekularen Motoren«, die in der Lage sind, chemische Energie in mechanische Energie (Bewegung) umzusetzen, wobei die Energieumwandlung praktisch ohne Verlust geschieht. Das Myosin-Molekül, das vor allem in Nerven- und Hautzellen aktiv ist, macht 15 »Schritte« pro Sekunde, wobei jeder »Schritt« 74 Nanometer (millionstel Millimeter) misst. Dabei trägt das Molekül das Tausendfache seines eigenen Gewichts. Die lebendige Natur, so scheint es, liefert dem Menschen auch noch die Baupläne für molekulare Maschinen, die vielleicht irgendwann sogar die Fähigkeit haben werden, sich selber zu vermehren.

Warum haben manche Dinge keinen Namen?

Wie nennt man einen Gegenstand ohne Namen? Man nennt ihn Ding oder, etwas abfälliger, Dings (in Bayern noch abfälliger: Dingsbums). »Dings« oder »Dingsda« sagt man vor allem immer dann, wenn einem der richtige Name eines Gegenstands, Orts oder Menschen nicht einfallen will: »Gestern hat mich der... der, na, wie heißt er denn? Du weißt schon, der Dingsda angerufen.«

Überraschend ist die Herkunft des Wortes »Ding«; es stammt aus der germanischen Rechtssprache und bezeichnete ursprünglich das Gericht (althochdeutsch: thing). Das Wort für alles Namenlose war also einst die Bezeichnung einer hohen Rechtsinstanz. In der Wendung »dingfest machen« (=verhaften) tritt der alte Bezug zum Gericht noch deutlich hervor. Aus der Rechtssache wurde die Sache schlechthin, vor allem die schlechte, unbedeutende und geringe Sache. Und weil es davon so viele auf der Welt gibt, führen wir das Wort »Ding« ständig im Mund.

Das meistbenutzte Dingwort ist »Ding«. In anderen Sprachen liegt der Fall ähnlich. Während meines ersten Aufenthalts in Frankreich klang mir von Anfang an ständig ein Wort in den Ohren, das ich im Französischunterricht nie gehört hatte: »truc«. Damit wird in der französischen Umgangssprache alles benannt, was namenlos ist. Ein wichtiges Wort, ja geradezu das Lieblingswort der Franzosen, wie mir scheint.

Man muss nur mal durch einen Baumarkt gehen: Überall Gegenstände, die nur eine Nummer und einen Preis haben, aber keinen Namen. Absonderliche Dinge, deren Sinn einem fremd ist, Dinge für Spezialisten, Spezialdinge, Undinge, richtige Dinger. Der Gang durch einen Baumarkt ähnelt Alices Wanderung durch jenen Wald, in welchem die Dinge keine Namen haben. Gemeint ist Alice aus Lewis Carrolls Erzählung »Alice hinter den Spiegeln«, der Fortsetzung von »Alice im Wunderland«. Es ist ein unheimlicher Ort. Baumärkte sind auch unheimlich. Man findet nur schwer, was man sucht, und oft hilft auch das Fragen nicht weiter, weil man gar nicht weiß, wie das Ding heißt, das man sucht. Nicht anders ergeht es einem in den Schreibwaren-Abteilungen der Kaufhäuser. Wie heißt denn zum Beispiel dieses Gerät zum Entfernen von Heftklammern? Heißt es umständlich Heftklammerentferner? Oder diese Klammern, mit denen man Versandtaschen verschließt? Versandtaschenverschlussklammern? Oder – nun befinden wir uns im Spiegelland der Haushaltswarenabteilung – wie heißt dieses Gummiungetüm, mit dem sich verstopfte Abflüsse freidrücken lassen – oder auch nicht?

Wie heißt – im Spiegelland des Supermarkts – jenes Stück Holz oder Plastik, mit dem man seine Waren auf dem Kassenförderband von denen des nachfolgenden Kunden trennt?

Schaut man sich alle diese namenlosen Dinge an, so ist ihnen eines gemeinsam: Sie sind unbedeutend und kosten nicht viel. Man wundert sich, dass sich überhaupt jemand die Mühe macht, sie herzustellen und auf den Markt zu bringen. Doch die Billigkeit allein kann an der Namenlosigkeit nicht schuld sein. Schließlich gibt es unzählige billige, nichts weiter als zweckmäßige Dinge, die einen Namen haben: Reißzwecke, Büroklammer (mit der man allerdings keine Büros zusammenklammert), Schnürsenkel, Ohropax und so weiter. Ich habe den Verdacht, dass die namenlosen Dinge, so billig und banal sie auch sein mögen, etwas Besonderes sind; sie verkörpern das, was die Philosophen das »Ding an sich« nennen, das reine, namenlose Ding, das »Zeug« im Sinne des Philosophen Heidegger.

Womöglich wollen uns die namenlosen Dinge sogar etwas mitteilen, das unsere eigene Existenz betrifft und hinüberweist auf den namenlosen Gott: Die namenlosen Dinge sind, was sie sind. Und sie sind, weil sie sind. Aber damit genug des Tiefsinns! Wie sagt ein Sprichwort: »Wenn eines Dinges genug ist, so soll man aufhören.«

Warum wissen wir nicht wirklich, wie die Welt aussieht?

Wenn man es genau bedenkt, ist alles ein Rätsel. Wir leben in einer rätselhaften Welt. Wir sind von rätselhaften Dingen und Lebewesen umgeben. Und manchmal sind wir uns selbst ein Rätsel. Erstaunlich dabei ist, dass wir uns der Rätselhaftigkeit der Welt nicht bewusst sind. Im Gegenteil: Wir halten die Welt um uns her für das Allergewisseste. Wir sind uns gewiss, die Welt mit unseren Sinnen so wahrzunehmen, wie sie ist.

Doch der große Philosoph Immanuel Kant (1724–1804) wusste schon, dass die menschliche Erkenntnis begrenzt ist. Nicht mal einen simplen Gegenstand, etwa einen Stein, erfassen wir in seiner ganzen Wahrheit. Erkennbar sind immer nur die Erscheinungen der Dinge, nicht die »Dinge an sich«. Ja selbst die Erscheinungen der Dinge sind uns nicht alle zugänglich. Denn auch die menschlichen Sinne sind begrenzt.

Dabei wird die Wahrnehmung der Welt ohnehin vom Gehirn geleistet. Die Sinnesorgane liefern ihm hierzu nur die nötigen Informationen in Form von elektrischen und chemischen Reizen. Da diese Informationen aber immer begrenzt sind, ist auch unser Bild von der Welt ein begrenztes. Unser Gehirn liefert kein exaktes Abbild der Welt, es gaukelt uns ein solches nur vor. Der Mensch ist freilich geneigt, *sein* Bild von der Welt für *die* Welt schlechthin zu halten.

Erstaunlich dabei ist, dass sich das Gehirn der Mängel seines Welt-Bilds durchaus bewusst ist. Es weiß, dass es nicht weiß, wie die Welt wirklich ist. Und weil es das weiß, muss es ständig raten. Es muss fortwährend prüfen, ob das, was in jeder Sekunde an Informationen von den Sinnesorganen geliefert wird, auch realistisch ist. Hat das Bild, das im Kopf entsteht, überhaupt etwas mit der Wirklichkeit zu tun?, fragt das Gehirn – eine Art von Selbstüberprüfung. Dieses ständige prüfende Fragen ist lebensnotwendig. Wenn nämlich unser Bild von der Welt zu sehr von der Wirklichkeit abweicht, laufen wir Gefahr, uns in der Welt nicht mehr zurechtzufinden oder Gefahren für uns und für andere heraufzubeschwören.

Umgekehrt ist es aber auch so, dass der Mensch vieles, was nur scheinbar existiert, für wirklich erachtet und entsprechend darauf reagiert. Nehmen wir zum Beispiel die Scheinwelt auf der Kino-Leinwand. Obwohl dort nichts anderes als eine Lichtprojektion von Einzelbildern über die Leinwand huscht und Wirklichkeit vortäuscht, werden wir von dieser Scheinwirklichkeit so stark bewegt, als wäre es wirkliche Wirklichkeit – vorausgesetzt, es handelt sich um einen bewegenden Film. Mitunter sind wir zu Tränen gerührt oder werden in blanken Horror versetzt. Unser Gehirn weiß zwar, dass das nur bewegte Lichtbilder sind; dennoch reagiert es darauf und setzt alle möglichen Gefühle in Gang. Es weiß, dass es getäuscht wird – und lässt sich trotzdem täuschen. Das funktioniert selbst dann noch, wenn die Figuren des Films gezeichnet oder im Computer gestaltet sind.

Sollen wir uns nun über unser eingeschränktes Bild von der Welt grämen? Nein, durchaus nicht. Die Natur hat für jedes Lebewesen im Laufe einer Millionen Jahre währenden Evolution die optimalen Sinnesorgane geschaffen. Dass diese immer nur einen Teil der Erscheinungen wahrnehmen, ist unerheblich. Einen Maulwurf muss es nicht stören, dass er fast blind ist, und einer Katze kann es egal sein, dass sie so gut wie keine Farben sieht. Denn die Evolution geschah mit naturgesetzlicher Zwangsläufigkeit. Was sie hervorbrachte, ist das Beste, was auf diesem Planeten während drei Milliarden Jahren hervorzubringen war. Das steht schon in der Bibel so: »Und Gott sah, dass es gut war.« Die eingeschränkte Sicht des Menschen von der Welt ist die für ihn ideale Sicht. Gerade die Einschränkungen entfachen den Forscherdrang im Menschen. Dass vieles in der Welt rätselhaft bleibt – trotz all unseres Wissens –, muss nicht bedauert werden; es ist sogar tröstlich. Denn wer wollte schon in einer Welt leben, die ohne Rätsel ist?

Gerhard Staguhn
Warum?
fallen Katzen immer auf die Füße …
und andere Rätsel des Alltags

ISBN 3-423-**62190**-7

Warum fallen Katzen immer auf die Füße? Warum ist der Himmel blau? Warum verlieben wir uns ineinander? Unser Alltag ist voller Rätsel – in diesem Buch werden sie endlich gelöst!
Gerhard Staguhn gibt wissenschaftlich fundierte, gut verständliche Antworten, und die augenzwinkernde Leichtigkeit, mit der er schreibt, macht das Buch auch unterhaltsam. Für alle neugierigen Kinder und deren arme (unwissende) Eltern.

Gerhard Staguhn

Gott und die Götter

Die Geschichte der großen Religionen

ISBN 3-423-**62259**-8

Wer über Religionen reden will, sollte sie kennen – die eigene und die fremden. Und wer Religionen kennen oder kennen lernen möchte, kommt an ihrer Geschichte nicht vorbei. Staguhns Buch erzählt von den Ursprüngen der großen Religionen, ihrer wechselvollen Geschichte und ihrem Verhältnis zu anderen Religionen, mit denen sie früher oder später in Berührung kamen. Der Autor schildert die faszinierende Vielfalt der Religionen der Welt. Klar, anschaulich und unvoreingenommen.

Gerhard Staguhn
Die Rätsel des Universums

Reihe Hanser dtv 62079

Mit dem Urknall beginnt die Geschichte des Universums. Wie es tatsächlich entstand, können die Forscher bis heute nicht sagen. Erst die Zeit danach, der Temperaturanstieg um 30 Milliarden Grad und die Entstehung der ersten Elementarteilchen, lässt sich beschreiben. Doch was hält die Erdkugel eigentlich zusammen? Die allerneusten Erkenntnisse der Wissenschaft werden hier genau beschrieben. Staguhn geht auch der Frage nach Lebewesen im All nach. Eine spannende und unterhaltsame Geschichte des Universums, geschrieben wie ein fesselnder Krimi.

Gerhard Staguhn

Die Jagd nach dem kleinsten Baustein der Welt

Mit vielen Zeichnungen und Farbtafeln sowie einem ausführlichen Register

ISBN 3-423-**62152**-4

Was sind die kleinsten Bausteine der Welt, aus denen der Kosmos, unsere Erde und alles Leben entstehen? Gerhard Staguhn erzählt in seinem Buch anschaulich und fesselnd die Geschichte der Chemie und Physik. Eine spannende und verständliche Einführung in die Rätsel der Wissenschaft – faszinierend selbst für Laien und Naturwissenschaftsmuffel.